看视频学剪映

快速剪辑手机短视频

陈玘珧 郑志强 ◎ 编著

人 民 邮 电 出 版 社
北 京

图书在版编目（CIP）数据

看视频学剪映：快速剪辑手机短视频 / 陈玘珧，郑志强编著. -- 北京：人民邮电出版社，2022.8（2023.10重印）
ISBN 978-7-115-59123-4

Ⅰ. ①看… Ⅱ. ①陈… ②郑… Ⅲ. ①视频编辑软件 Ⅳ. ①TP317.53

中国版本图书馆CIP数据核字(2022)第061040号

内 容 提 要

本书分为 6 章，内容分别是认识剪映的界面和功能布局，视频剪辑及调整，视频调色，音频的添加及调整，视频的包装，制作封面、片头和片尾。这些都是后期制作短视频必备的基础知识，只要能熟练掌握并灵活运用这些知识，就能缩短从入门到精通的过程。

在编写本书时，考虑到初学者可能对视频剪辑无从下手，因此本书将知识点进行了拆分和详细讲解，帮助读者由浅入深地掌握短视频剪辑的技巧。

◆ 编　　著　陈玘珧　郑志强
　责任编辑　李永涛
　责任印制　王　郁　胡　南
◆ 人民邮电出版社出版发行　　北京市丰台区成寿寺路 11 号
　邮编　100164　　电子邮件　315@ptpress.com.cn
　网址　https://www.ptpress.com.cn
　廊坊市印艺阁数字科技有限公司印刷
◆ 开本：700×1000　1/16
　印张：14.5　　　　2022 年 8 月第 1 版
　字数：262 千字　　2023 年 10 月河北第 5 次印刷

定价：69.90 元

读者服务热线：(010)81055410　印装质量热线：(010)81055316
反盗版热线：(010)81055315
广告经营许可证：京东市监广登字 20170147 号

前言

当前，每天有数亿用户在抖音、快手、微信视频号等短视频平台上获取或发布信息。

如果要在平台上发布短视频，那么对短视频进行剪辑就是必不可少的。与在计算机上使用Premiere、After Effects等专业视频剪辑软件不同，手机短视频剪辑软件借助强大的算法和简单便捷的操作，让用户能够迅速学会短视频剪辑。

剪辑是短视频创作中极为重要的一部分。剪辑完的视频是否流畅、合理直接决定视频所呈现的视觉效果，进而影响观众的心理感受。本书以剪映App为学习对象，从初学者的角度出发，介绍该剪辑软件的特色功能和剪辑技巧，为剪辑新手进入短视频行业提供技术指导，同时也为新手的短视频创作提供灵感和思路。

如果有读者正在为不知道如何剪辑出精美的短视频而烦恼，或者苦于剪辑软件的选择和应用，那么本书将是不二之选。编者根据丰富的使用经验为读者讲解剪映App，让读者在短时间内学会剪映App的操作方法，以及一些基础的抖音热门特效的制作方法。

本书将从剪映的界面，视频的剪辑（基础剪辑工具），色调的调整，音频的编辑，文字的编辑，特效的编辑，封面、片头和片尾的制作等方面进行介绍，并结合大量的实战案例，带领读者学习如何用剪映制作出高质量的视频。

建议读者用几天时间集中学习本书的内容，以便掌握剪映的基本功能。每阅读完一章，都可以参考书中案例，按照书中的步骤制作自己的短视频，以巩固学习成果。只有自己动手操作，才能学会调色、特效、转场等的使用。最后就可以充分发挥自己的巧妙构思和想象力，制作出好玩、好看、与众不同的短视频。

最后，祝愿所有读者都能通过本书学会剪映的实用剪辑技巧，真正做到学以致用，轻松剪辑出高质量的视频！

编者

2022年2月

目录

第1章 认识剪映的界面和功能布局 001

第2章 视频剪辑及调整 017

第3章 视频调色 041

第4章 音频的添加及调整 053

01

第1章 认识剪映的界面和功能布局

剪映的工作界面简洁明了，对新手非常友好。

剪映的工作界面可以简单分为“主界面”和“剪辑界面”两部分，下面详细地介绍这两部分分别有什么功能和用途，帮助读者更好地认识这款手机短视频剪辑软件。

1.1 主界面

打开剪映，映入眼帘的就是剪映的主界面。主界面分为5个区域：顶部的帮助中心和设置中心、上方的创作区、中间的功能区、下方的草稿区以及底部的菜单栏。

1.1.1 帮助中心和设置中心

在界面的右上角，可以看到“帮助”按钮和“设置”按钮。剪映举办投稿活动时还会出现一个视频投稿活动入口。

点击“帮助”按钮，即可进入帮助中心。在帮助中心中，可以查看剪映的最新功能和常见问题，也可以在搜索框中输入想要查询内容的关键字，对想了解的问题进行搜索。

例如，在搜索框输入“如何提升视频清晰度”，即可搜索到相应的答案。

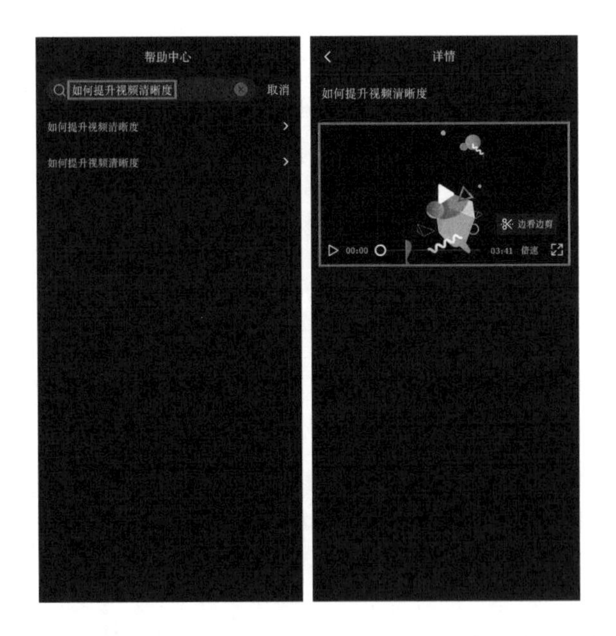

点击“设置”按钮，即可进入设置中心。在设置中心中，可以看到“自动添加片尾”功能，开启这个功能会在视频末尾自动添加一个片段。如果不需要给视频自动添加片尾，可以将该功能关闭。

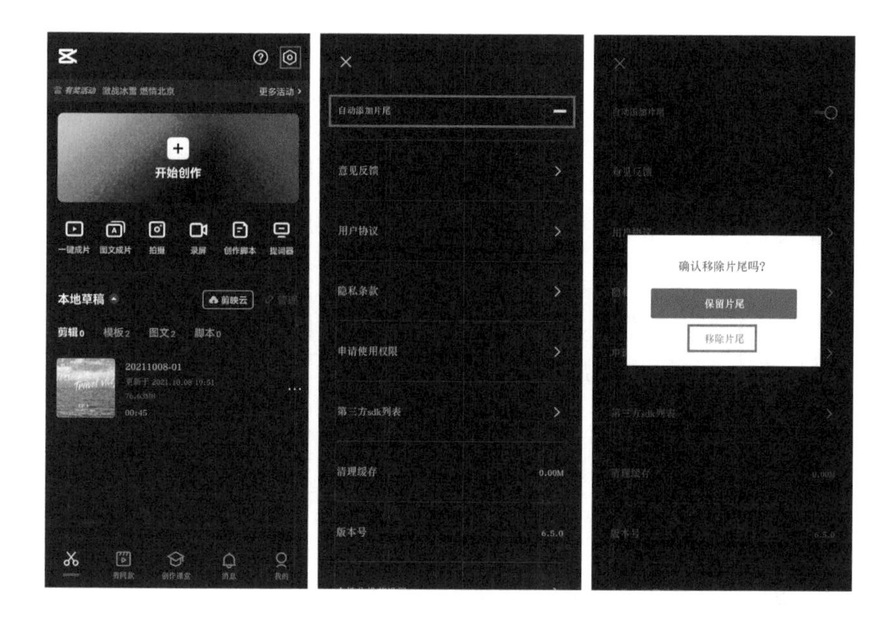

1.1.2 创作区——视频编辑的“主战场”

点击“开始创作”按钮，即可进入素材添加界面，可以在手机相册中选择需要编辑的视频或照片，把素材添加到剪辑项目里。

如果你的手机相册中有很多视频和照片，一时间无法找到想要的素材，那么可以点击“照片视频”下拉按钮，打开相册菜单，选择素材所在的相册，然后从该相

册里面快速选择素材。例如，这里选择名为“视频”的相册，进入“视频”相册，就能够进行素材的快速选择。

为了提高剪辑的效率，建议提前对所有的素材进行整理和分类，将手机相册命名为方便查找的名称。我们的手机相册中往往保存了很多拍摄的视频和照片，这些素材通常是属于不同的类别，如美食、旅行、生活碎片等，我们可以按照时间或拍摄场景进行分类。例如，当拍摄素材是为了旅行Vlog而准备时，通常会连续几天进行拍摄，那么我们可以将素材按照时间进行分类，如“第一天”“第二天”“第三天”等；当拍摄素材是为了生活Vlog而准备时，通常会转换几个不同的场景进行拍摄，那么我们就可以将拍摄的素材按照场景进行分类，如“餐厅”“书房”“厨房”等。

“照片视频”下拉按钮右侧有一个“素材库”按钮，点击

“素材库”按钮，即可进入软件自带的视频素材库，其中包括“黑白场”“转场片段”“搞笑片段”“故障动画”等。

例如，点击“转场片段”按钮，可以看到很多时下比较流行的视频转场片段，当你在制作视频且有转场的需要，又不想自己制作转场片段时，就可以直接在这里进行选择。

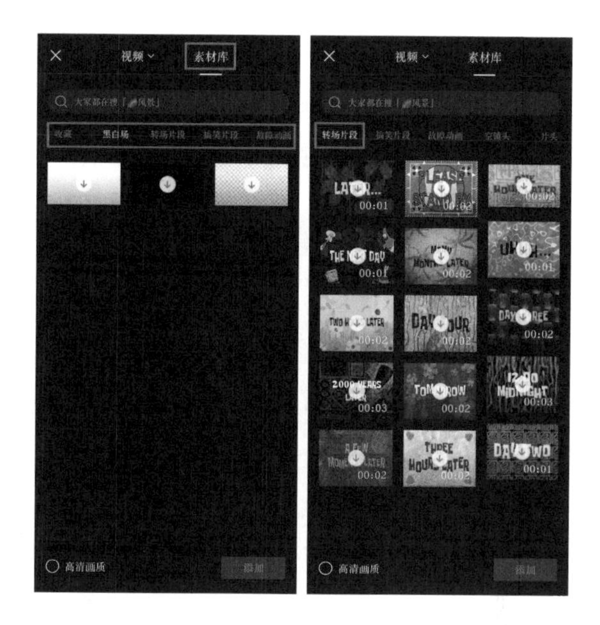

1.1.3 功能区——提供丰富的短视频拍摄及剪辑方法

创作区的下方是功能区，其中包括“一键成片”“图文成片”“拍摄”“录屏”“创作脚本”“提词器”功能。

除了可以在创作区制作自己的原创视频以外，你还可以使用剪映的“一键成片”和“图文成片”功能快速生成一个高质量的短视频。

1.1.4 草稿区——存放近期剪辑的视频

如果你曾经使用剪映剪辑过视频，那么所有的草稿都会被保存在草稿区中。点击“管理”按钮，可以删除不再需要的草稿。

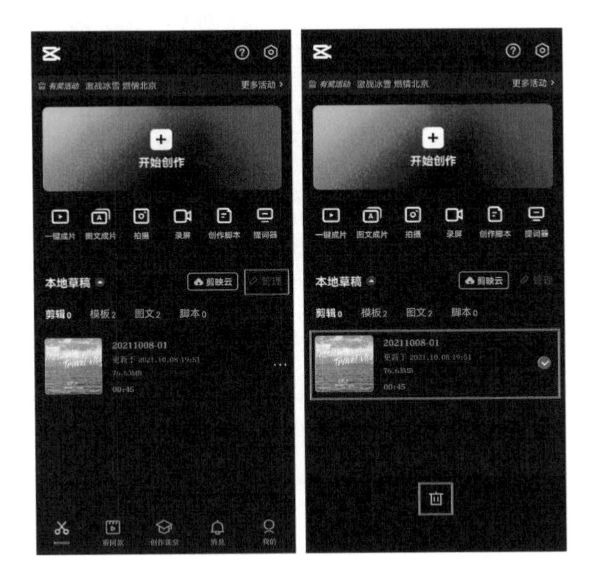

1.1.5 菜单栏——显示常用的剪辑功能

主界面的底部是菜单栏。点击菜单栏中的“剪辑”“剪同款”“创作课堂”“消息”“我的”按钮，可切换至对应的功能界面。“剪辑”功能界面就是打开的主界面。

“剪同款”功能界面中有非常多的视频模板，这些视频模板全部都是由视频创作者上传的，可以使用这些模板剪辑出具有同样效果的短视频，但有些模板需要付费才能使用。

“创作课堂”功能界面提供了多种多样的丰富课程，你可以在这里学习关于拍摄方法、剪辑方法、创作思路、账号运营等方面的内容。

在“消息”功能界面中可以查看官方的推送、评论、粉丝和点赞等消息。

在“我的”功能界面中可以管理账号或查看喜欢的模板。

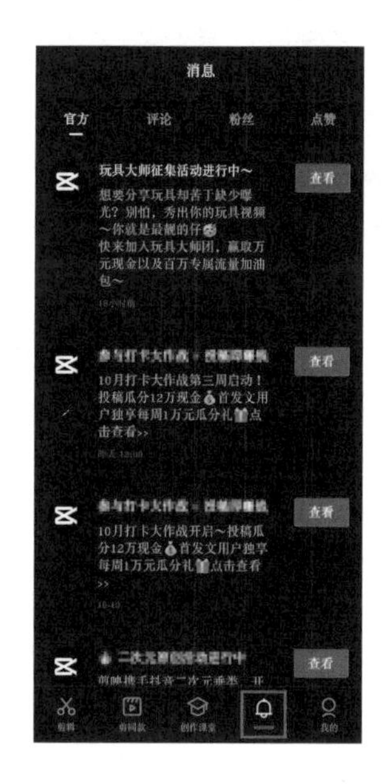

1.2 剪辑界面

点击“开始创作”按钮，进入素材添加界面，在手机相册中选择一个或多个素材，视情况选择“高清画质”选项，然后点击“添加”按钮，即可将视频导入剪辑轨道。

将视频导入剪辑轨道之后，出现的界面就是剪映的剪辑界面。在剪辑界面中，可以运用各种基础工具来编辑和优化视频，下面就详细介绍一些日常剪辑中会使用到的基础工具。

剪辑界面分为4个区域：顶部的帮助中心、设置和导出，上方的素材预览区，下方的剪辑轨道区，以及底部的工具栏。

1.2.1 帮助中心、设置和导出

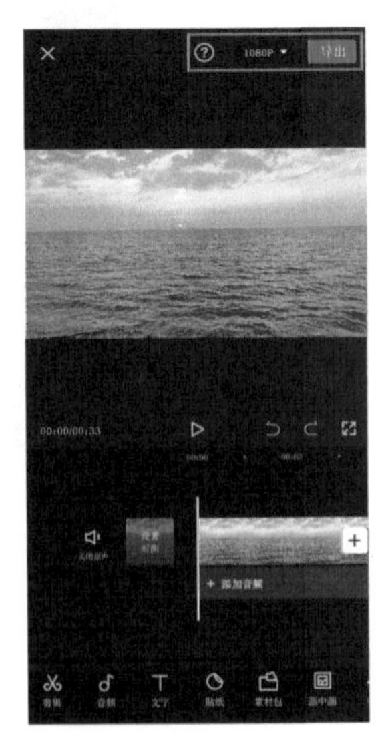

在界面的右上角，可以看到“帮助”按钮?、“1080P”下拉按钮和“导出”按钮。

点击“帮助”按钮⊙，即可进入帮助中心。

点击“1080P ”下拉按钮后，可设置视频的分辨率和帧率。

点击“导出”按钮，可将剪辑好的视频导出。

1.2.2 素材预览区

在素材预览区可以实时预览视频画面。素材预览区的最下方会显示视频的播放进度和视频的总时长。

点击“播放”按钮▷，即可播放；点击“暂停播放”按钮⏸，即可停止播放视频。

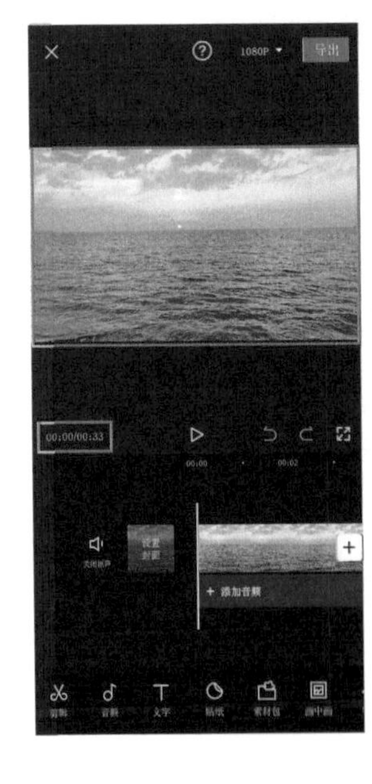

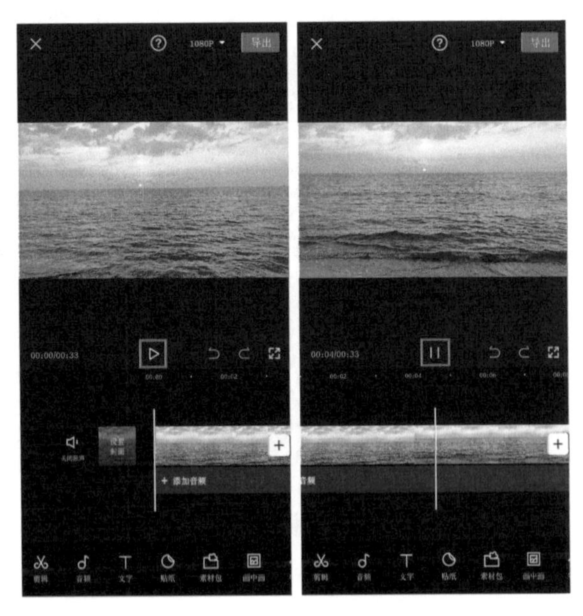

点击“撤销”按钮，即可撤销错误的操作；点击“恢复”按钮，即可恢复上一步的操作。

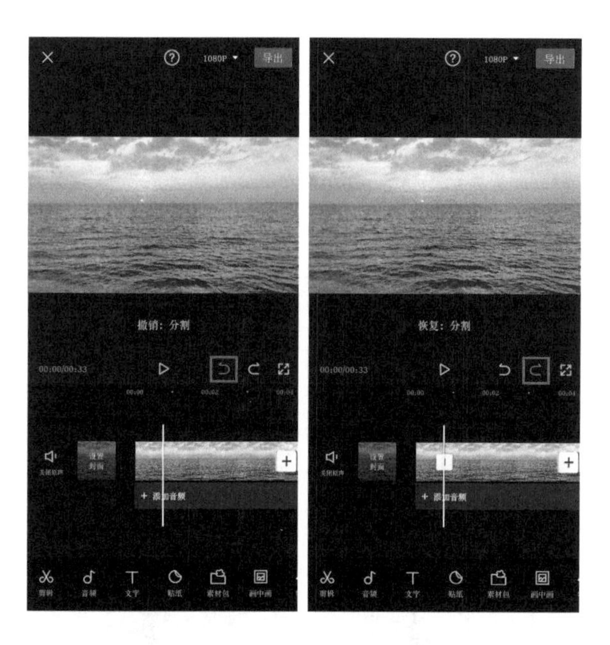

点击“全屏显示”按钮，即可全屏预览视频效果。

1.2.3　剪辑轨道区

剪辑轨道区包括素材轨道、音频轨道、文本轨道、贴纸轨道、特效轨道、滤镜轨道等，主要用来辅助各类剪辑工具进行短视频的剪辑。

剪辑轨道区的顶部为轨道时间线，滑动轨道时间线可以实现剪辑项目的预览。

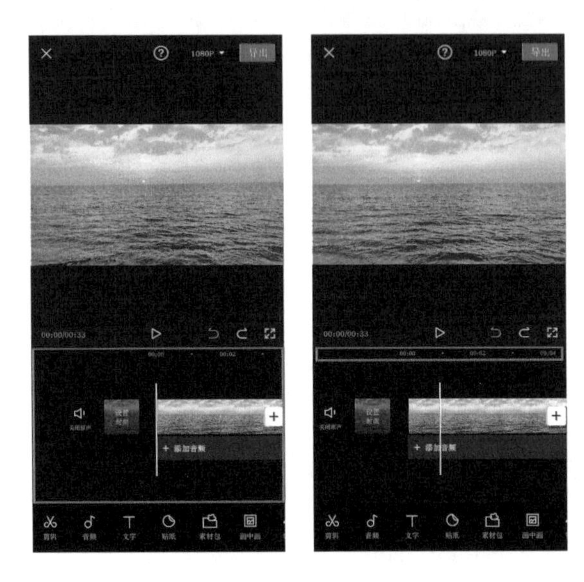

剪辑轨道区的左侧是“关闭/开启原声”按钮和“设置封面”按钮。

点击“关闭原声”按钮，即可关闭所有视频的原声；点击“开启原声”按钮，即可打开所有视频的原声。

点击“设置封面”按钮，可以使用剪映内置的封面模板，为短视频制作封面。

剪辑轨道区的中间为视频、音频、文本、贴纸和特效等素材的编辑轨道。轨道上有一条白色的竖线，它能够帮助我们定位素材的时间点。

音频轨道是蓝色的，文本轨道是土黄色的，贴纸轨道是浅橙色的，特效轨道是紫色的，滤镜轨道是蓝紫色的。你可以根据需要添加多条轨道。轨道可以对轨道进行任意编辑，包括轨道的时长、位置和内容等。

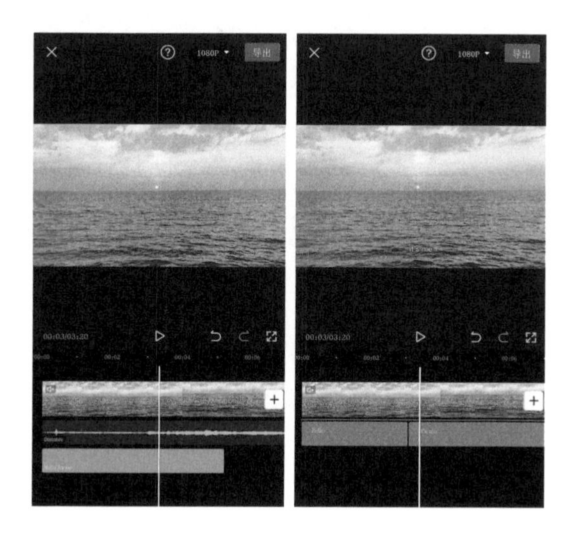

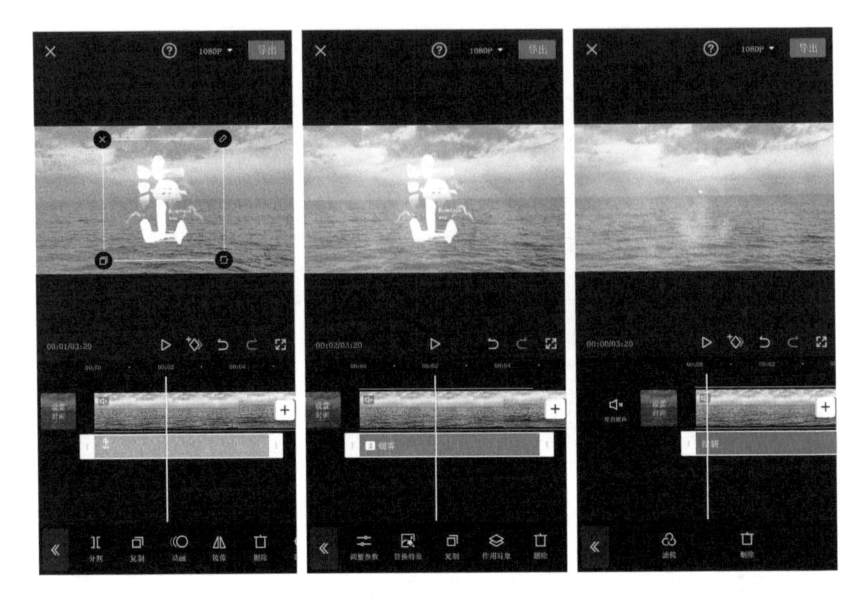

把一根手指放在剪辑轨道区并左右移动，可以快速预览视频内容。

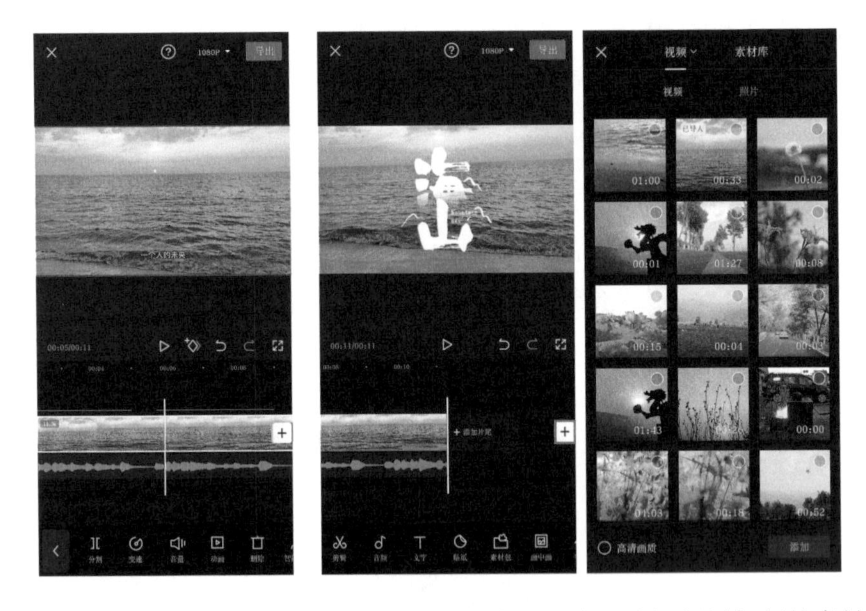

剪辑轨道区的最右侧有一个“+”按钮。当想要为现有视频添加新的素材时，点击“+”按钮，即可进入素材添加界面。

1.2.4 工具栏

剪辑界面的最下方是一级工具栏，主要包括“剪辑”“音频”“文字”“贴纸”

“素材包”“画中画”“特效”“滤镜”“比例”“背景”“调节”等工具。

点击任意一个一级工具，即可打开二级工具栏，使用二级工具栏中的工具可以对素材进行进一步的调整。如果需要返回一级工具栏，可以点击“<”按钮。

另一种返回一级工具栏的方法是点击“√”按钮，完成效果的制作。例如，点击“素材包”按钮，选择一个想要的素材包，点击“√”按钮，即可返回到一级工具栏。

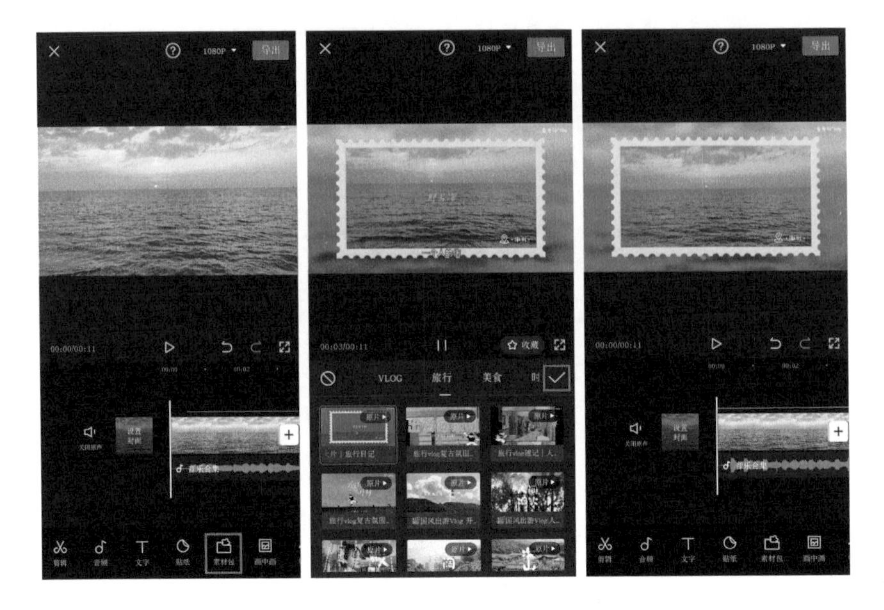

以上就是对剪映App界面的基本介绍，熟悉了基础界面之后，我们就可以开始进行视频的制作了。

02

第2章 视频剪辑及调整

本章将介绍剪映绝大部分的剪辑功能，帮助读者尽快熟悉和掌握剪映这款软件的使用方法，为后续的视频剪辑做好准备。

2.1 关闭/开启原声

在剪映中打开一段想要编辑的视频素材。

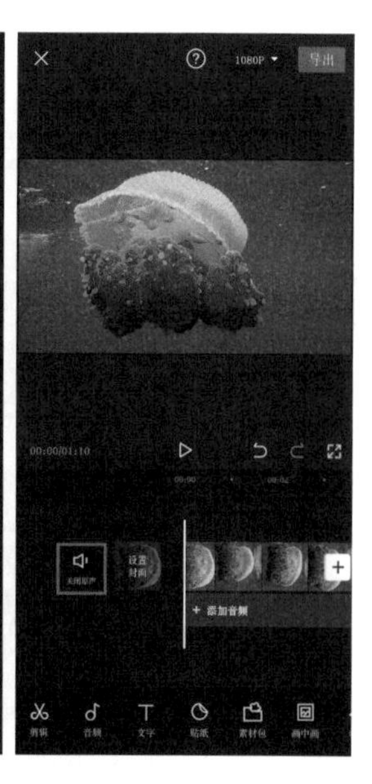

在剪辑界面中，可以看到一个“关闭/开启原声”按钮。点击“关闭/开启原声”按钮可以关闭或开启所有视频素材的原声。

我们打开的视频素材默认是有声音的，如果不想要视频原声，而是想要通过添加音乐或音效去丰富视频的视听感受，就可以点击“关闭原声”按钮，将视频原声关闭；如果想要恢复视频原声，可以点击“开启原声”按钮，将视频原声开启。

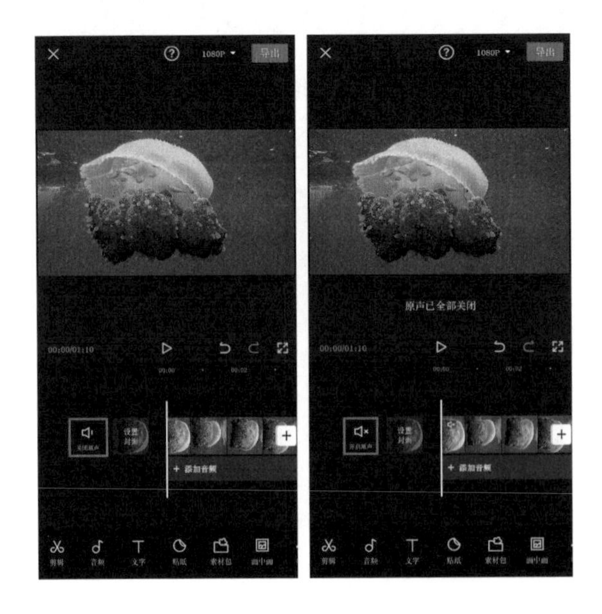

2.2 剪辑

点击“剪辑”按钮，打开剪辑工具栏。我们在日常剪辑中会使用到的基础剪辑工具大都在剪辑工具栏中。

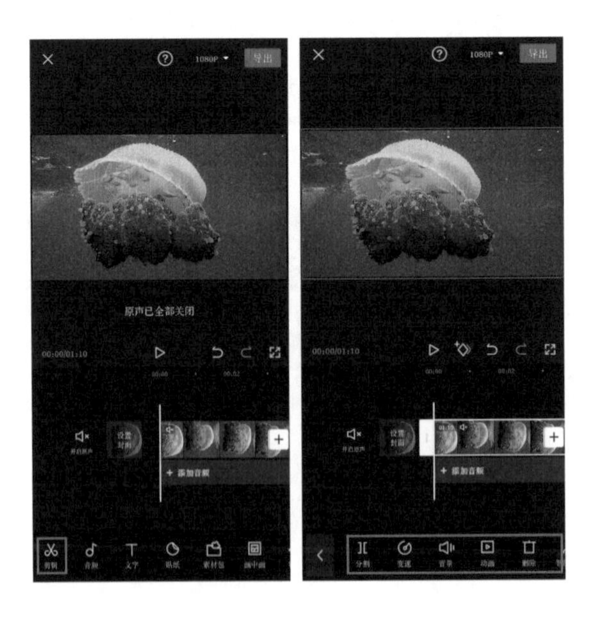

2.2.1 分割——分割视频片段

剪辑工具栏中的第1个工具是“分割”。

将时间轴竖线定位在需要分割的时间点，然后点击底部工具栏中的“分割”按钮，即可将选中的视频素材分割成两段。

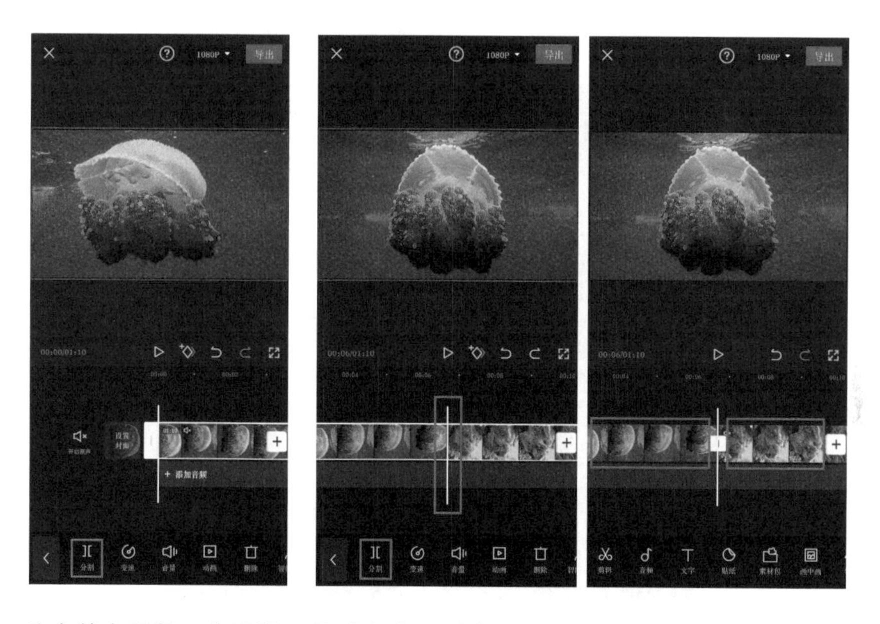

选中其中的某一个片段，然后点击“删除”按钮，即可将该片段删除。

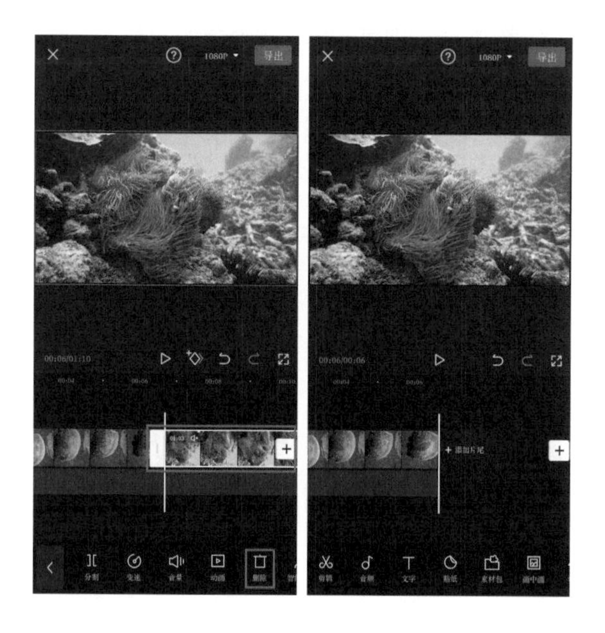

2.2.2 变速——制作快放或慢放效果

剪辑工具栏中的第2个工具是“变速”。变速就是对视频进行快放或慢放的编辑，例如，想要表现落叶飘落的慢动作或者赛跑动作的迅速程度时，可以使用变速工具放缓或者加快视频的播放速度，从而实现想要的效果。点击“变速”按钮，即可打开变速工具栏，变速工具栏中包括“常规变速”和“曲线变速”工具。

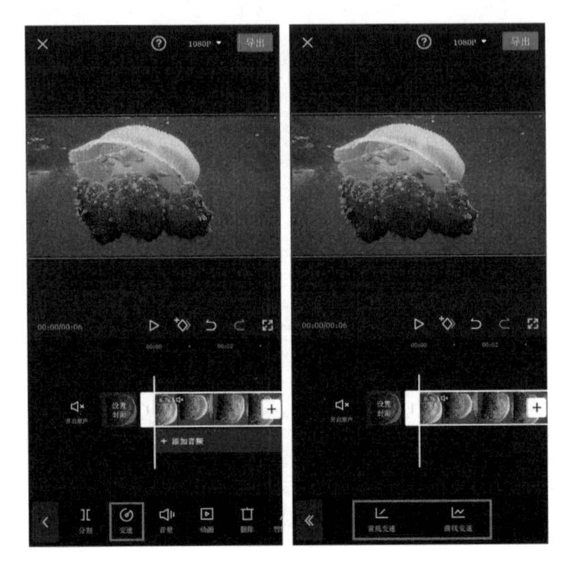

点击“常规变速”按钮，即可进入常规变速界面，拖曳变速滑块可以更改视频的播放速度，点击“√”按钮，即可完成常规变速的调整。

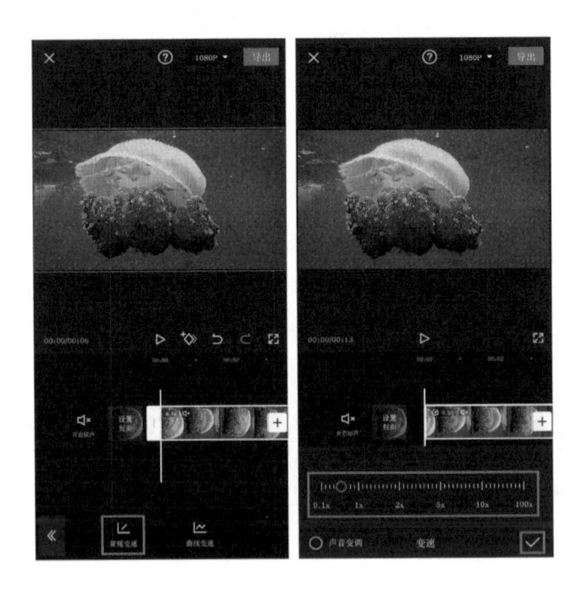

点击“曲线变速”按钮，即可进入曲线变速界面，在这里可以选择曲线变速的效果。

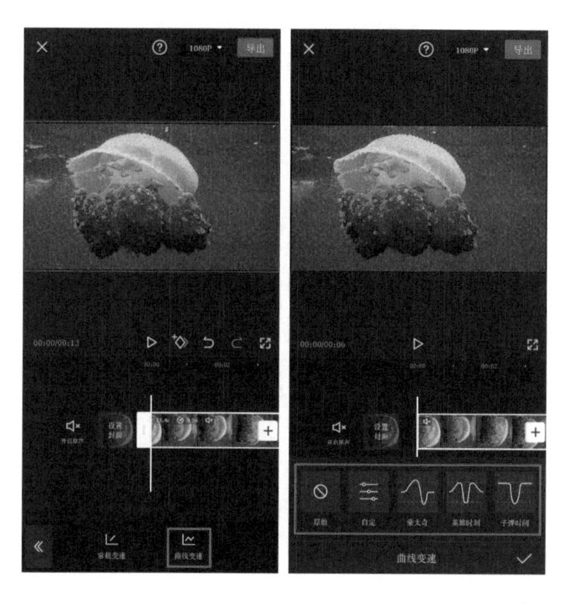

例如，选择“蒙太奇”效果，再点击“点击编辑”按钮，可以随意更改闪进效果的速度，还可以通过点击“删除点”或“添加点”按钮来删除或添加播放的速度转换节点，编辑完成后点击“√”按钮，返回曲线变速界面。再次点击“√”按钮，即可完成曲线变速的调整。

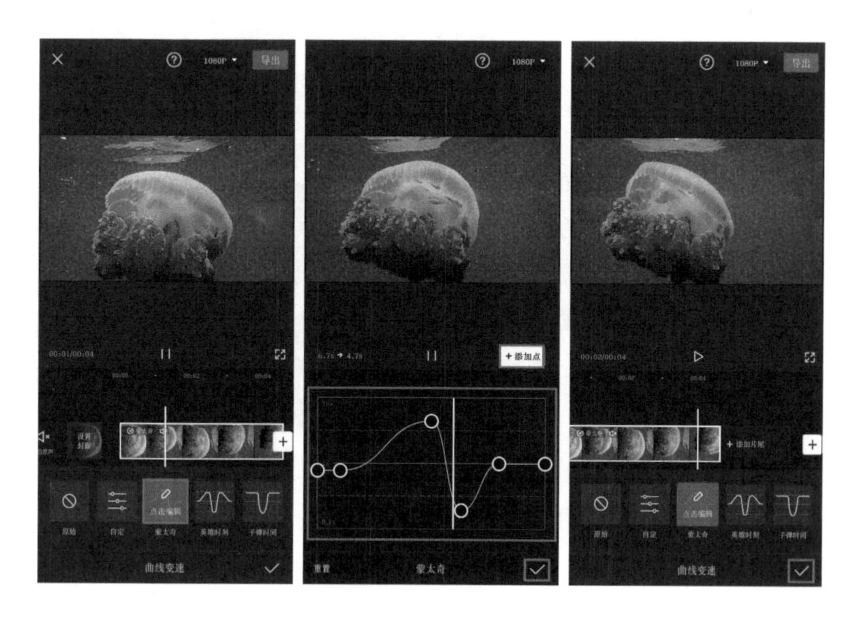

调整好视频的播放速度之后，点击“<<”按钮，即可返回到剪辑工具栏。

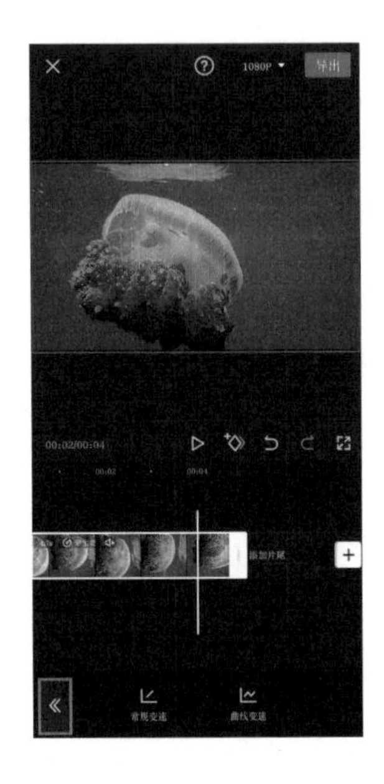

2.2.3 音量——让视频声音变大或变小

剪辑工具栏中的第3个工具是“音量”。选中一段视频素材，点击“音量”按钮，可以调整这段视频素材的音量大小，点击“√”按钮，即可完成音量的调整。

“音量”按钮和“关闭/开启原声”按钮不同，“音量”按钮仅支持对选中的一段视频素材的音量大小进行调整，而“关闭/开启原声”按钮则是对所有视频素材的音量进行调整。

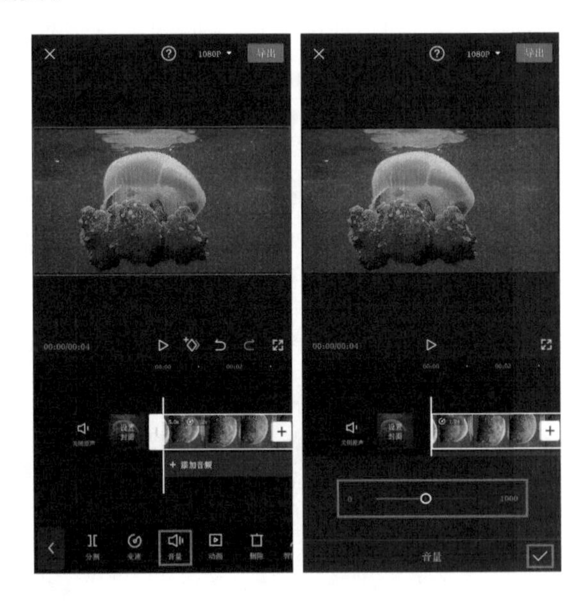

2.2.4 动画——让视频画面更具表现力

剪辑工具栏中的第4个工具是“动画”。点击“动画”按钮，可以打开动画工具

栏，动画工具栏包括“入场动画”“出场动画”“组合动画”，通过点击这些按钮可以为选中的视频素材添加动画效果。

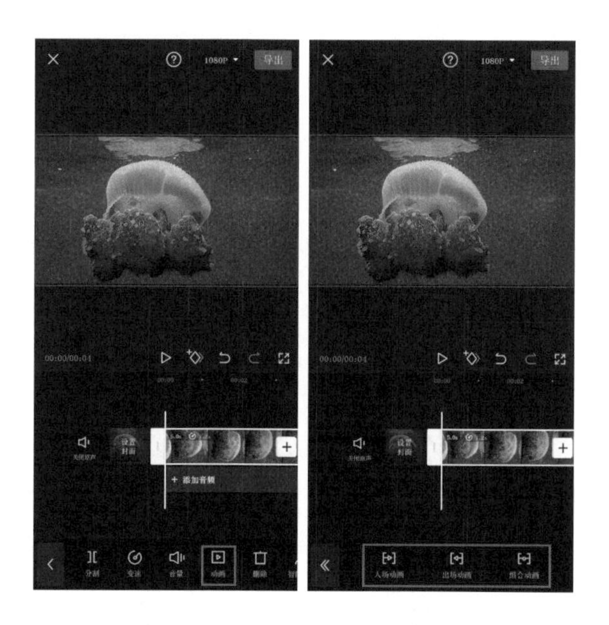

点击“入场动画”按钮，可以为选中的视频素材添加一个入场动画，还可以调整入场动画的时长。点击“√”按钮，即可完成入场动画的添加。

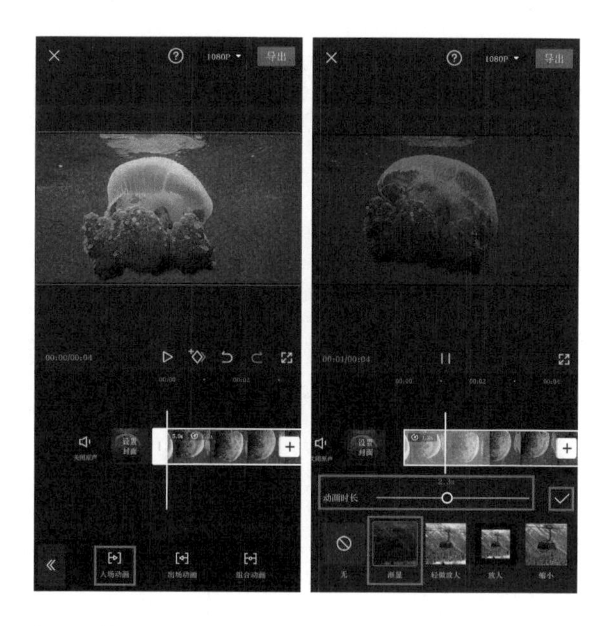

点击“出场动画”按钮，可以为选中的视频素材添加一个出场动画，还可以调

整出场动画的时长。点击“√”按钮，即可完成出场动画的添加。

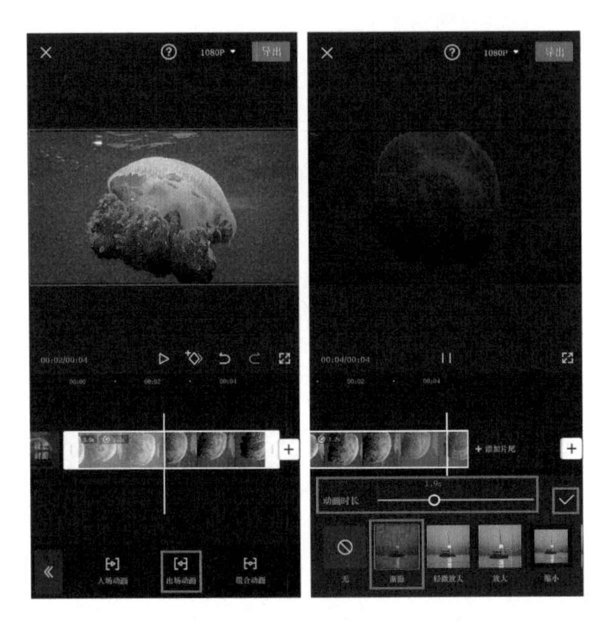

点击“组合动画”按钮，可以为选中的视频素材添加一个组合动画，还可以调整组合动画的时长。点击“√”按钮，即可完成组合动画的添加。

完成动画的添加之后，点击“<<”按钮，即可返回到剪辑工具栏。

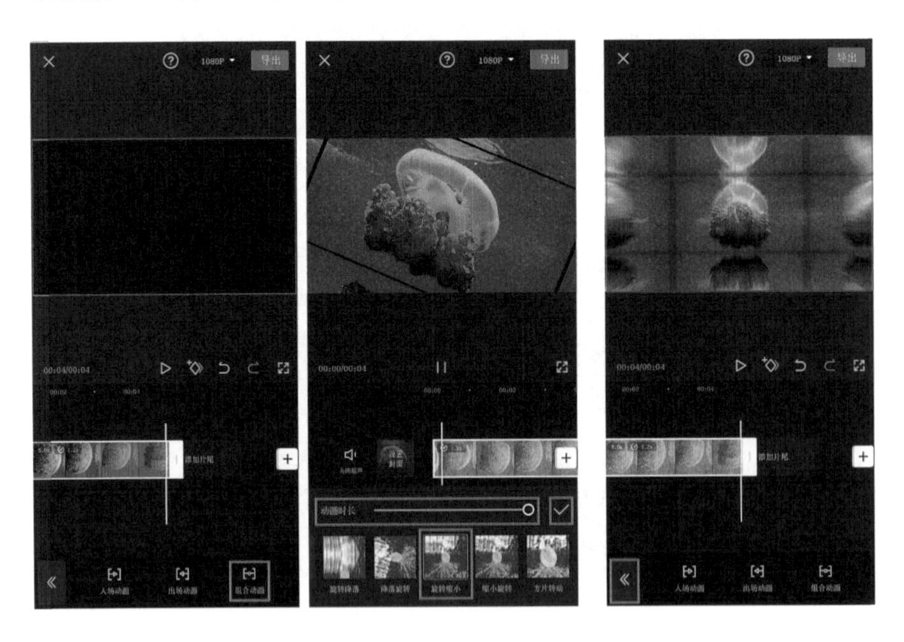

2.2.5　删除——删掉不需要的部分

剪辑工具栏中的第5个工具是“删除”。点击“删除”按钮，即可将选中的视频素材进行删除。注意，至少要保留一段视频。也就是说，当项目中只剩下一段视频时，将无法对其进行删除的操作。

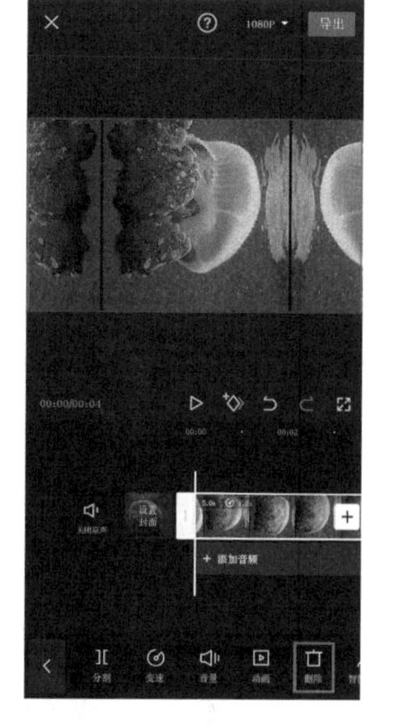

2.2.6　智能抠像——抠取主体，去掉背景

剪辑工具栏中的第6个工具是“智能抠像”。点击“智能抠像”按钮，剪映会自动对视频当中的人物、动物等主体进行抠像。

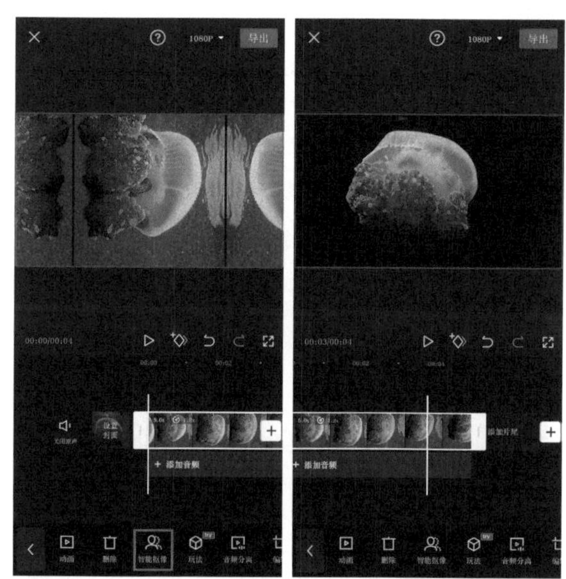

2.2.7　玩法——变换多种视频效果

剪辑工具栏中的第7个工具是“玩法”。点击“玩法”按钮，可以看到剪映提供的多种视频效果，如“3D滤镜”“魔法换天”等。

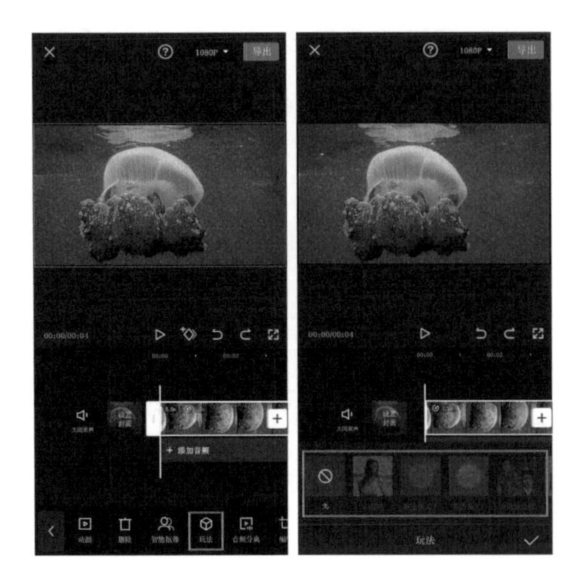

有些视频并不支持使用所有玩法。例如，图中的视频只支持使用“魔法变身”，那么就可以尝试一下“魔法变身”的效果。如果对该效果满意，那么点击“√”按钮，确认使用该玩法；如果对“魔法变身”的效果不满意，那么点击“无”按钮⊘，然后点击“√”按钮，取消使用该效果。

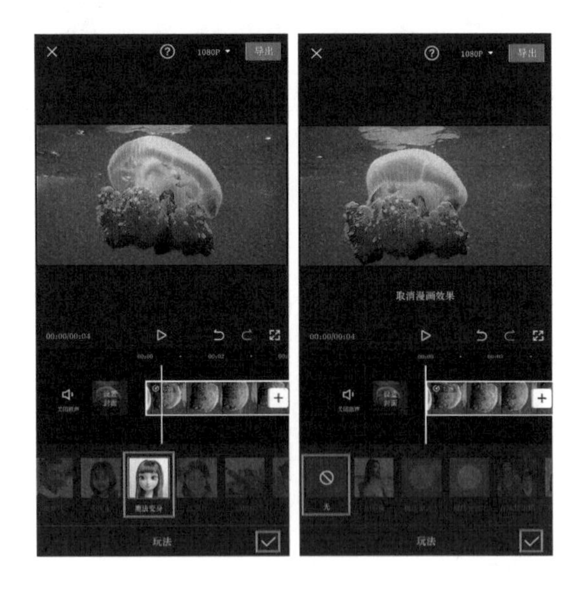

2.2.8 音频分离——分离视频与音轨

剪辑工具栏中的第8个工具是“音频分离”。点击“音频分离”按钮，视频原声

将被开启，剪映会将视频分离为视频轨道和音频轨道。

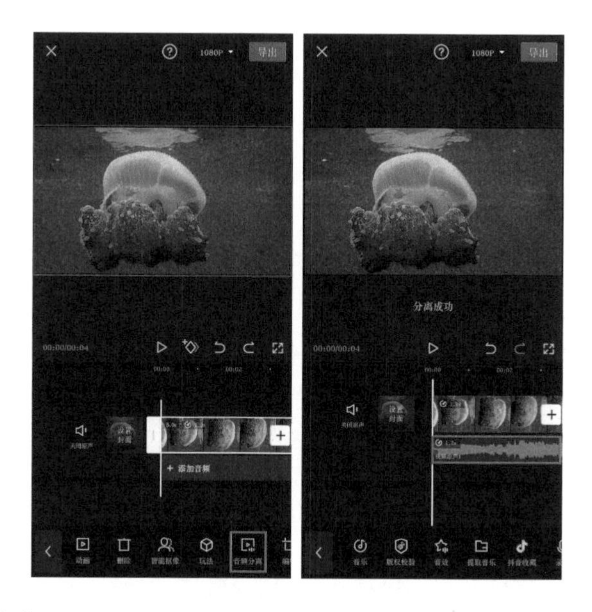

选中音频轨道后就可以编辑该轨道，包括音量、淡化、分割、变声、删除、变速等。选中视频轨道，则会重新回到剪辑界面，你可以继续对该视频进行编辑。

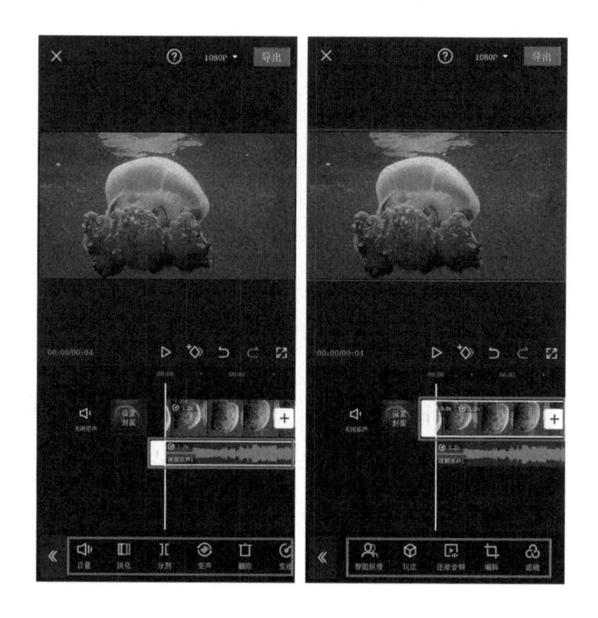

2.2.9　编辑——对视频进行裁剪、旋转等操作

剪辑工具栏中的第9个工具是“编辑”。点击“编辑”按钮，可以打开编辑工具

栏，编辑工具栏包括“旋转”“镜像”“裁剪”工具。

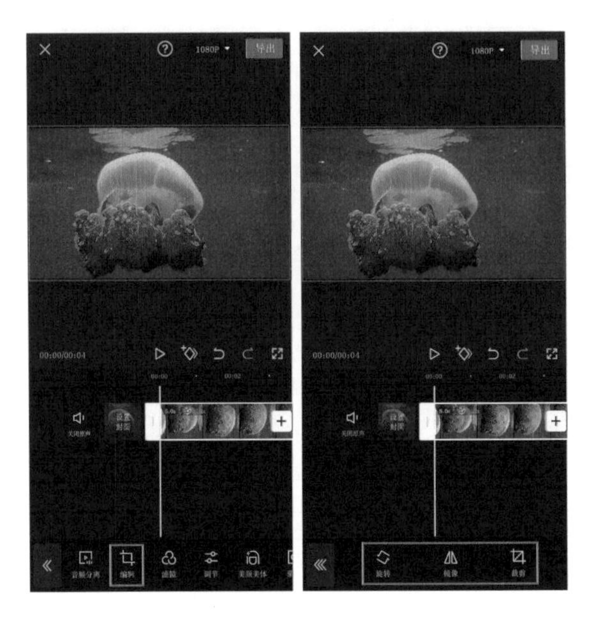

点击“旋转”按钮，可以将视频旋转。

点击“镜像”按钮，可以将视频翻转。

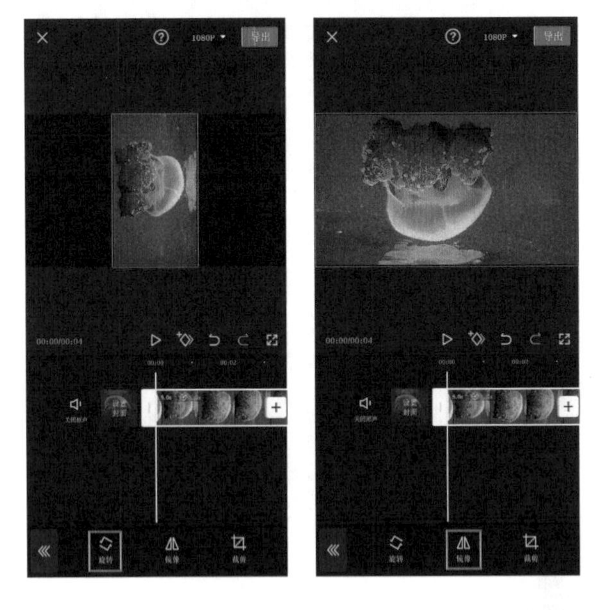

点击“裁剪”按钮，进入裁剪界面，可以对视频进行裁剪。

编辑完成后，点击“<<<”按钮，即可返回到剪辑界面。

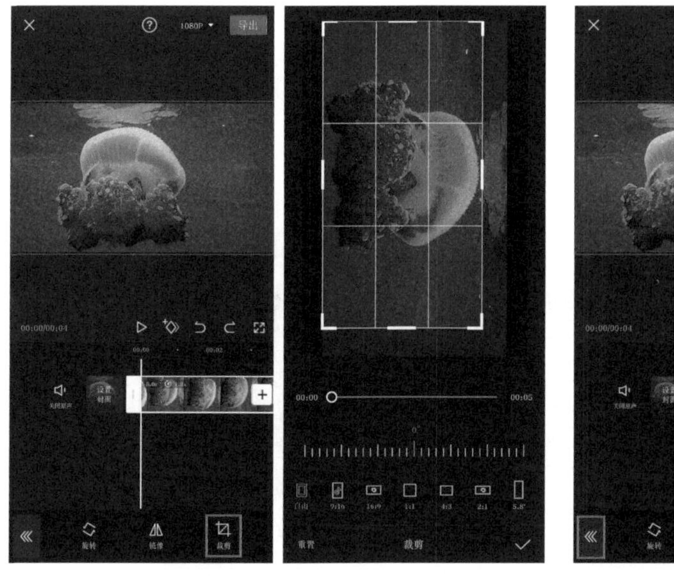

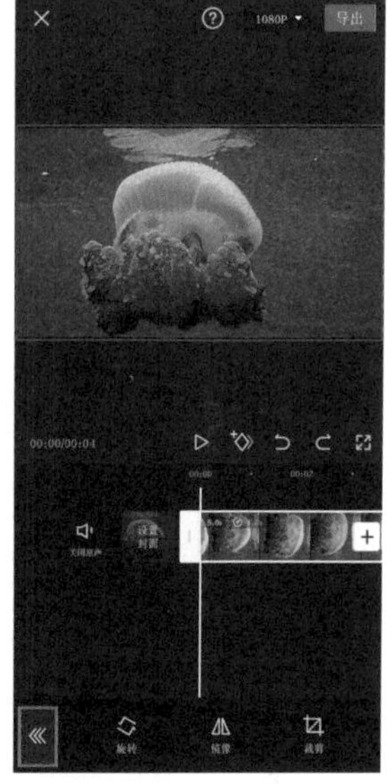

2.2.10 滤镜——为视频添加多种色调与特效

剪辑工具栏中的第10个工具是“滤镜”。点击“滤镜”按钮，打开滤镜工具栏，在这里可以选择一个你想要的滤镜，还可以对滤镜的效果进行调整。

如果你想将该滤镜效果应用到所有视频上，则可以点击“应用到全部”按钮，然后点击“√”按钮，即可完成滤镜的应用。

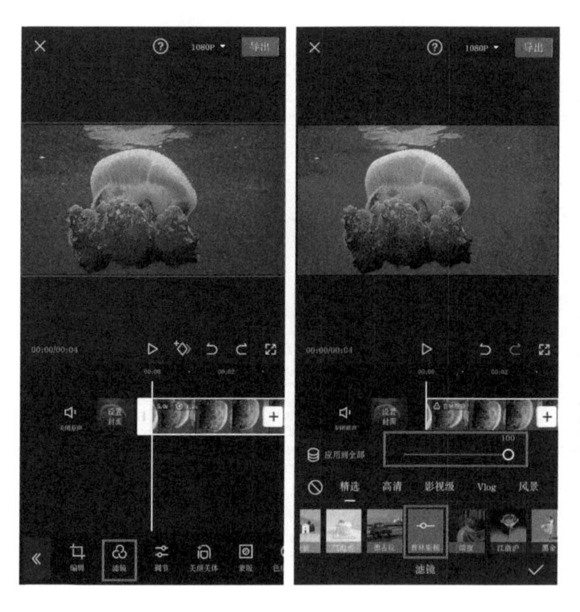

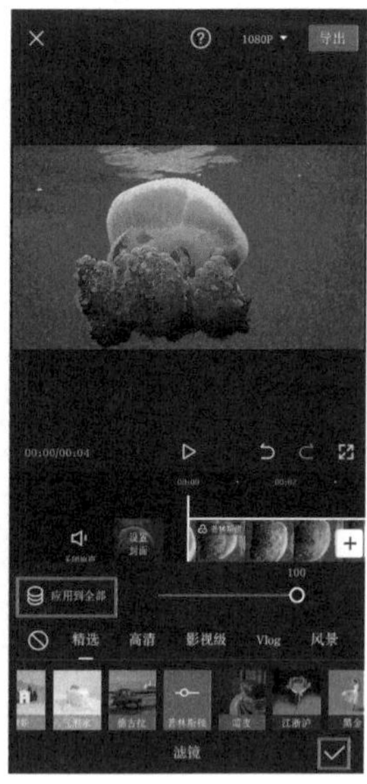

2.2.11 调节——优化视频明暗关系与色彩

剪辑工具栏中的第11个工具是“调节”。点击“调节”按钮，打开调节工具栏，调节工具栏包括“亮度”“对比度”“饱和度”“光感”“锐化”“高光”“阴影”“色温”“色调”“褪色”“暗角”“颗粒”等工具。

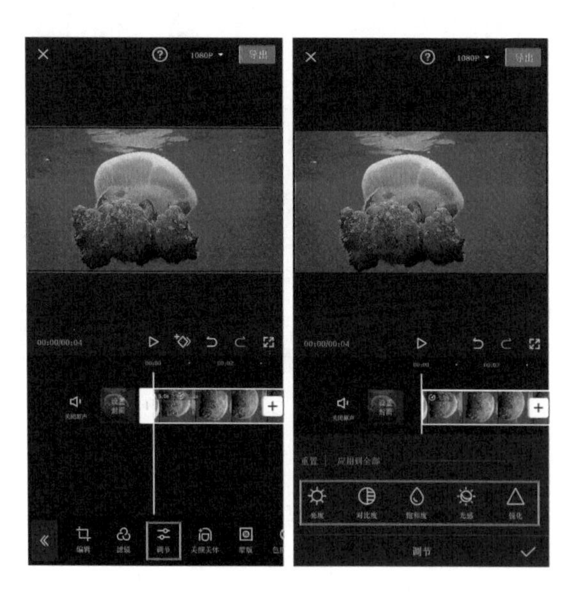

例如，图中视频的颜色过于鲜艳，可以点击“饱和度”按钮，将饱和度适当降低，然后点击“√”按钮，返回到剪辑界面。

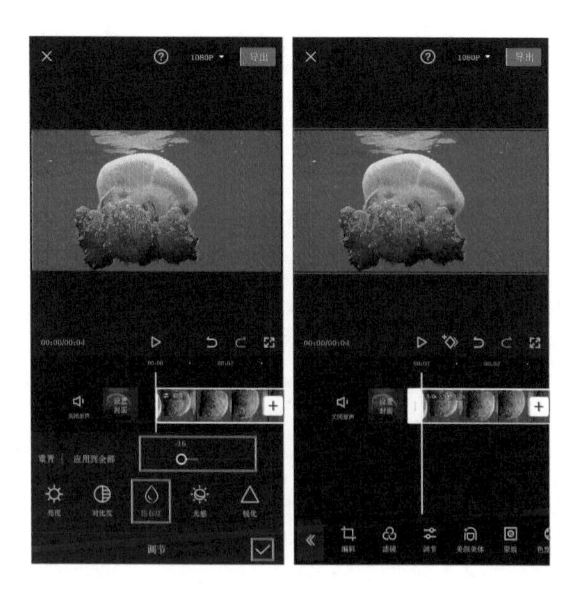

2.2.12 美颜美体——对人物进行美化

剪辑工具栏中的第12个工具是“美颜美体”。点击“美颜美体”按钮，即可进入美颜美体界面。“美颜”功能可以磨皮和瘦脸，“美体”功能可以瘦身、瘦腰、拉长腿以及使头变小。

2.2.13 蒙版——制作特定的强调区域

剪辑工具栏中的第13个工具是“蒙版”。点击“蒙版”按钮，可以给选中的视频添加一个图形蒙版，并且可以调整蒙版的范围。例如，这里点击“圆形”按钮，然后调整蒙版的范围，点击“√”按钮，即可完成圆形蒙版的添加。

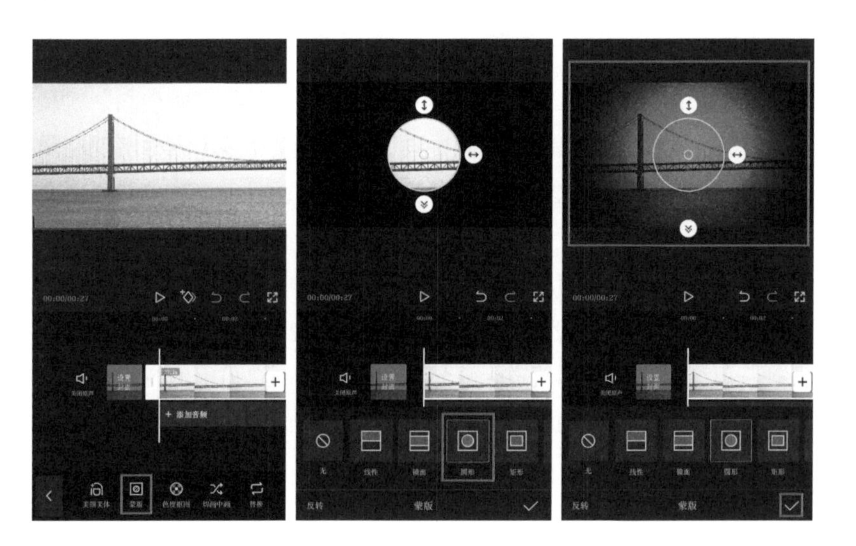

2.2.14 色度抠图——利用色彩差异进行抠图

剪辑工具栏中的第14个工具是“色度抠图”。使用该工具可以对单一颜色的画面进行抠图处理。点击“色度抠图”按钮，即可进入色度抠图界面。

例如，图中睡莲的花茎是绿色的，若想要将其去除，可以点击“取色器”按钮，选择绿色的花茎，然后配合“强度”和“阴影”的调整，将花茎完全去除，完成后点击“√”按钮。

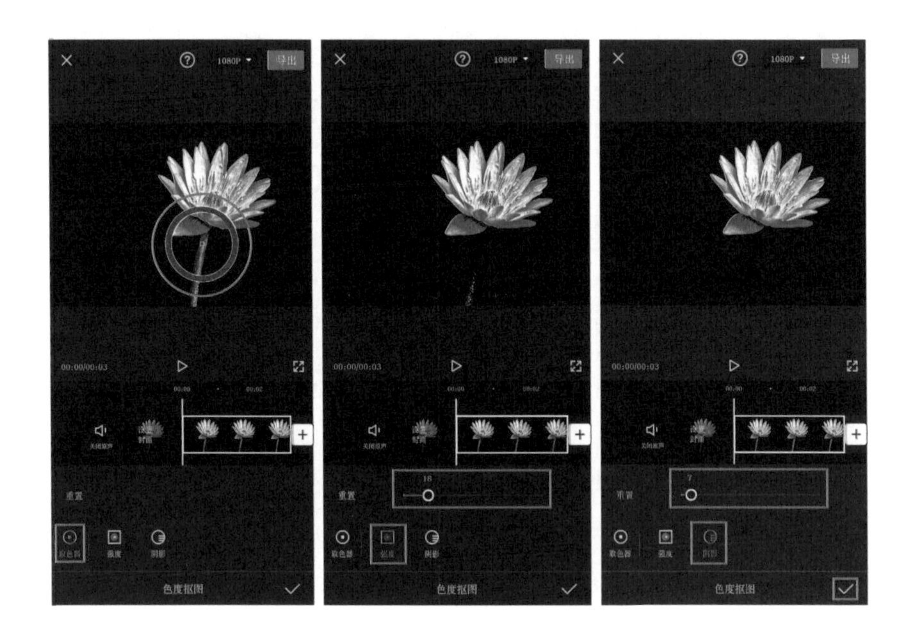

2.2.15 切画中画——制作画中画效果

剪辑工具栏中的第15个工具是“切画中画”。顾名思义，“画中画”就是在一个画面中出现另一个画面。剪映的“切画中画”工具就是让多个素材出现在同一个画面中，从而实现同步播放，比如，游戏分屏解说视频；或者将简单的画面合成，从而制作出创意视频，比如，让一个人分饰两角。

举个例子，当项目中有两段视频时，如果想让其中一段视频充当背景，就可以通过画中画来实现。选中一段想使之成为画中画的视频，点击“切画中画”按钮，这样两段视频就会出现在不同轨道上；然后选中画中画轨道上的视频，将两根手指放在素材预览区上缩放并移动画面，把它调整到想要的大小和位置，即可实现画中画的效果。

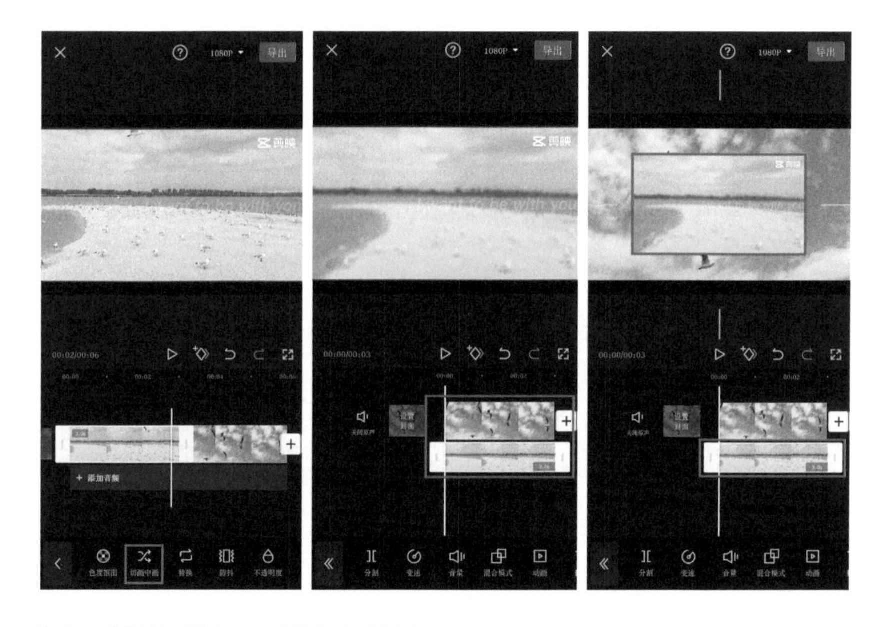

点击“播放”按钮，预览视频效果。

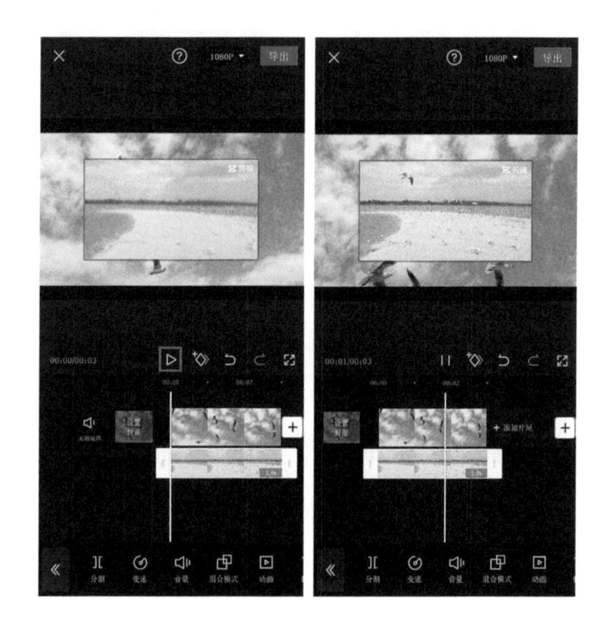

2.2.16 替换——替换视频素材

剪辑工具栏中的第16个工具是“替换”。选中一段视频素材，点击“替换”按钮，即可进入素材添加界面，可以选择素材以替换选中的视频。

选择一段新的视频后，移动时间轴竖线可以选取视频中需要的部分。

2.2.17 防抖——让视频画面更稳定

剪辑工具栏中的第17个工具是“防抖”。该工具可以有效解决因镜头的抖动带来的问题。点击“防抖”按钮，选择一个防抖的级别，点击“√”按钮，即可完成防抖处理。

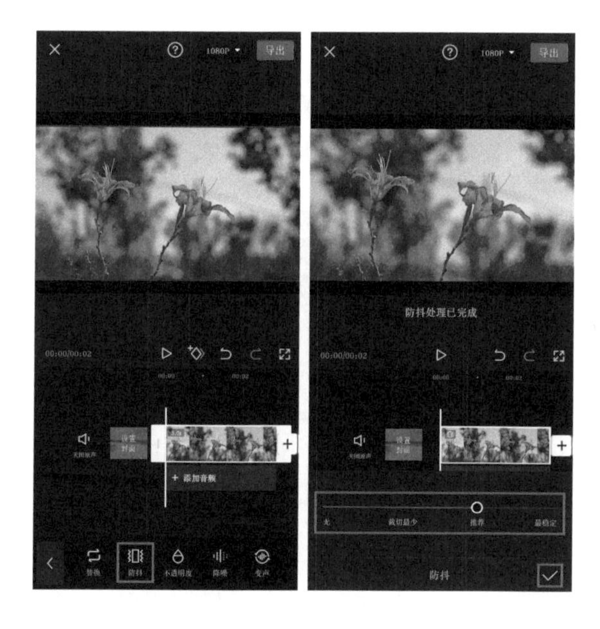

2.2.18　不透明度——改变画面的不透明度

剪辑工具栏中的第18个工具是“不透明度”。选中一段视频素材，点击“不透明度”按钮，可以调整画面的不透明度，然后点击“√”按钮，即可完成不透明度的调整。

2.2.19 降噪——让视频画面更细腻

剪辑工具栏中的第19个工具是“降噪”。选中一段视频素材，点击“降噪”按钮，开启“降噪开关”，降噪完成后，点击“√”按钮，即可完成降噪的处理。

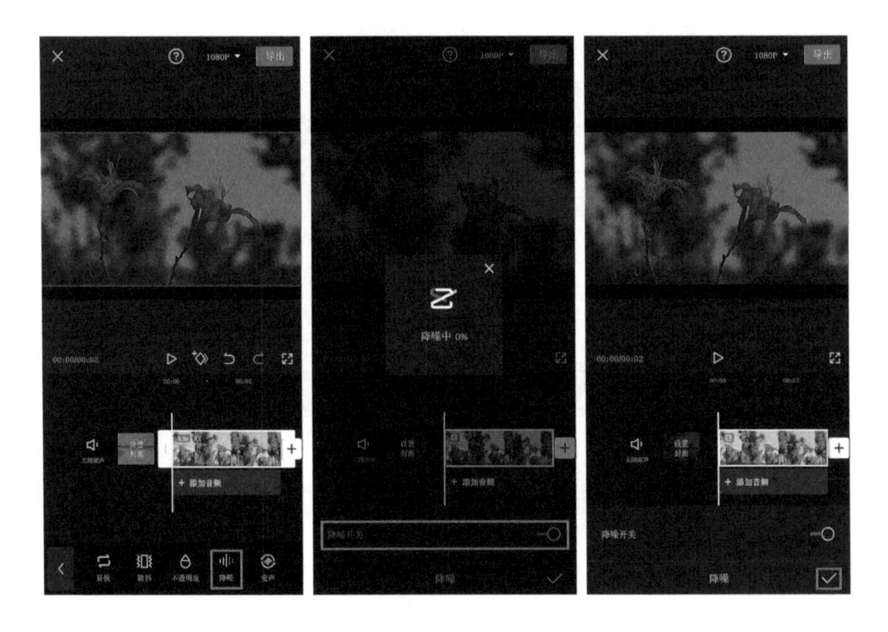

2.2.20 变声——制作特殊的声音效果

剪辑工具栏中的第20个工具是“变声”。点击“变声”按钮，即可打开变声工具栏，变声工具栏包括“大叔”“女声”“男声”“怪物”等，使用这些工具可以对选中的视频素材进行声音的更改。

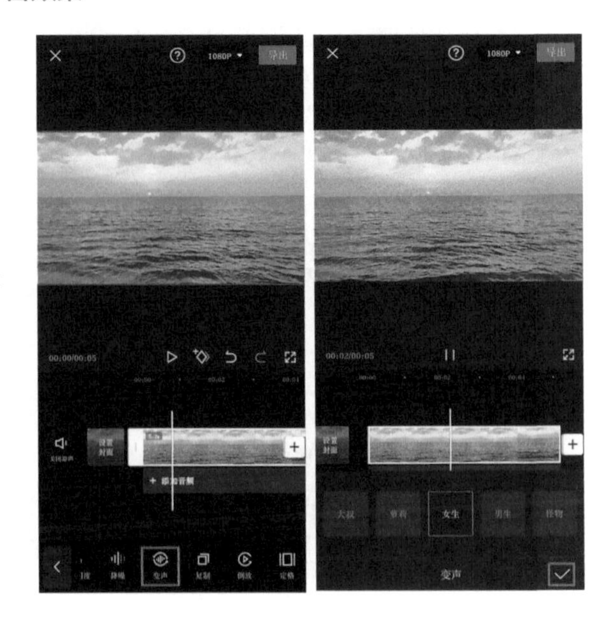

2.2.21 复制——复制视频

剪辑工具栏中的第21个工具是“复制”。点击“复制”按钮，即可复制一份选中的视频素材。

2.2.22 倒放——倒放视频

剪辑工具栏中的第22个工具是“倒放”。点击“倒放”按钮，即可将选中的视频素材进行倒放处理。

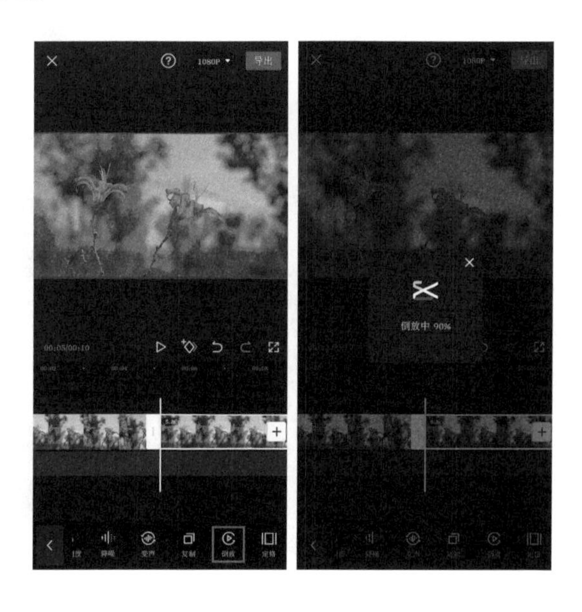

2.2.23 定格——定格精彩画面

剪辑工具栏中的第23个工具是“定格”。“定格”工具可以对选中的视频素材进行定格处理。定格就是静帧，通常是指将视频的活动画面突然停止在某一个画面上。利用定格工具可以非常轻松地制作卡点视频。例如，将时间轴竖线定位至需要定格的时间点，然后点击“定格”按钮，会发现视频素材被分割了，时间轴竖线后面多了一段3秒的定格画面素材（定格时长默认是3秒）。通过拖曳定格画面素材最左端或最右端的白色图标，就可以把它调整到所需的时长。

点击“|”按钮，选择一个转场效果，点击“√”按钮，即可为这段定格视频添加转场效果。

如果想让多段视频素材的转场效果相同，在选择转场效果后点击“应用到全部”按钮，再点击“√”按钮即可。这就是卡点视频的制作方法，转场的使用可以让视频变得更加生动。

以上就是剪映的基础剪辑工具。学会了视频的基础剪辑之后，就可以继续学习其他的工具了，比如给视频添加音频、字幕、滤镜、特效等，让视频内容变得更加丰富有趣。

03

第3章 视频调色

剪辑完视频后，就要对视频的色调进行调整，定义视频的色彩风格。通过后期调色能够增加画面的质感和视觉冲击力。通常来说，在调整视频色调的时候，可以先添加一个剪映自带的滤镜效果，然后再根据滤镜的效果做进一步的颜色调节。

3.1 滤镜

根据照片的意境和风格选择滤镜，可以让照片变得更加出彩，更具吸引力。例如，下面这段美食短视频，原片的光线比较灰暗，很难提起观众观看的兴趣；而添加滤镜之后，画面的效果明显变亮，也更容易激发观众的观看欲望和食欲。

剪映自带的滤镜功能可以给视频添加各种风格的滤镜。有些滤镜适合具有电影

感的视频画面，而有些滤镜则适合美食类的视频画面，所以在选择滤镜时，要多尝试不同的滤镜，观察哪个滤镜的使用效果最好。添加滤镜有以下两种方法。

方法一如下。

在剪辑项目中导入视频素材，完成基础调整后，在未选中素材的状态下，点击底部工具栏中的“滤镜”按钮，进入滤镜界面。在滤镜界面有很多常用的滤镜效果，并且已经做了详细的分类，如精选、高清、影视级、Vlog、风景、复古、黑白、胶片、美食、风格化等。

尝试使用了几个不同的滤镜后，发现“胶片”分类当中的“KC25”滤镜的效果是最好的。因此，这里选择“KC25”滤镜，然后调整滤镜的强度，完成后点击“√”按钮。添加滤镜后，可以看到剪辑轨道区多了一条滤镜轨道。

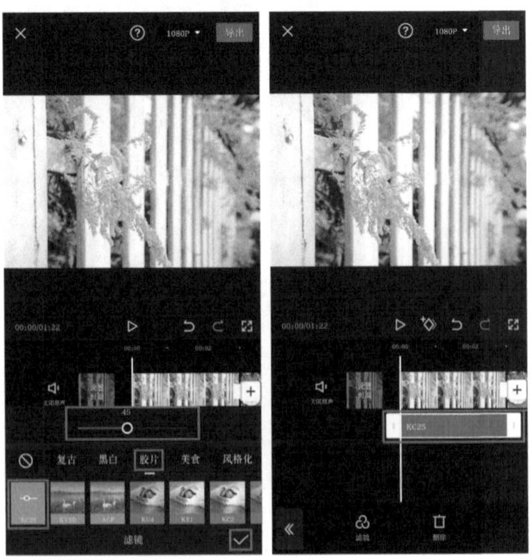

在剪辑轨道区选中滤镜素材，按住滤镜素材最右端的白色图标向右拖曳，使之与视频素材的最右端对齐，这样，“KC25”滤镜就会被同步应用在所有视频素材上。

方法二如下。

在剪辑项目中导入一段视频素材，完成基础调整后，在剪辑轨道区选中这段视频素材，点击底部工具栏中的“滤镜”按钮，进入滤镜界面，同样可以看到已经分好类的滤镜，不同的是多了一个“应用到全部”按钮。尝试使用了几个不同的滤镜后，发现“风景”分类当中的“古都”滤镜的效果是最好的。因此，这里选择“古都”滤镜，然后调整滤镜的强度。

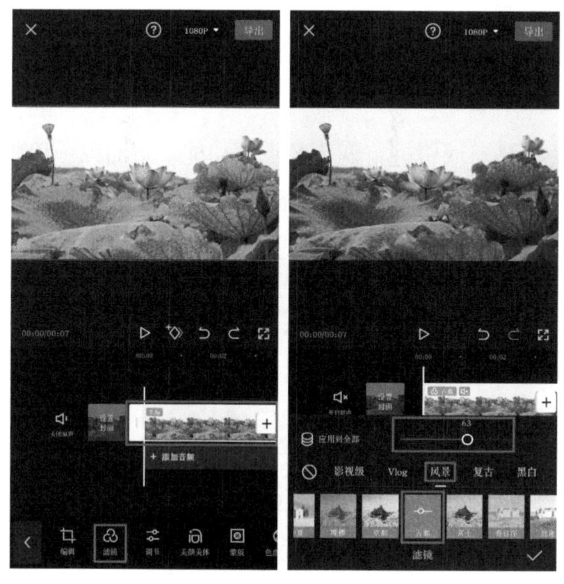

如果有多段视频素材，在选择好滤镜之后可以点击“应用到全部”按钮，这样一来，选中的滤镜就会被同步应用到所有视频素材上，完成后点击“√”按钮。利用此方法添加滤镜，剪辑轨道区并不会出现滤镜轨道，这是因为滤镜是直接作用到视频本身的。

3.2 调节

剪映的调节功能是对滤镜进行调色的重要功能。下面以一段“夏日荷花”的视频为例，演示一下调节功能的具体用法，看看它是如何辅助滤镜功能进行调色的。

图中是应用滤镜之后的视频效果，可以发现只添加了滤镜的视频色调还不是特别到位，因此还需要进一步调整。在剪辑轨道区选中视频素材，点击底部工具栏的“调节”按钮，进入调节界面，可以看到亮度、对比度、饱和度、光感、锐化、高光、阴影、色温、色调、褪色、暗角、颗粒等工具。使用以上工具，即可对短视频的色调进行更加细致的调节。

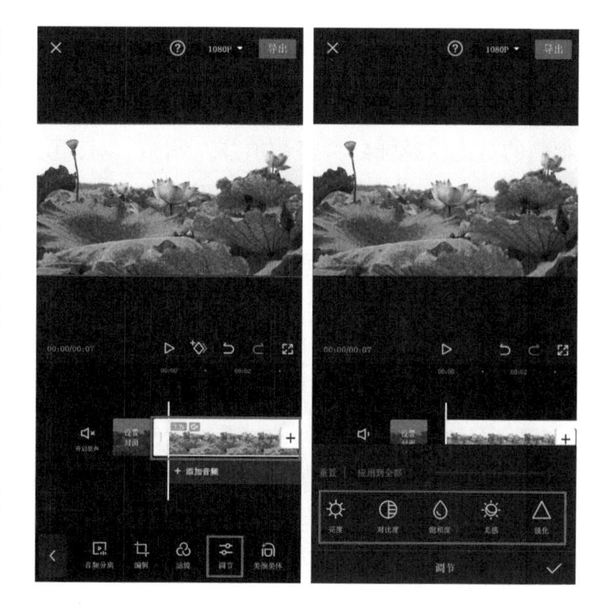

3.2.1 亮度——改变视频明暗度

“亮度”是对整个画面的明暗进行调整的工具。将数值往左调整，画面会偏暗；将数值往右调整，画面会偏亮。这里将亮度的值稍微调高一点即可。

3.2.2 对比度——强化视频层次

"对比度"是对画面的明暗对比进行调整的工具。暗部越暗，亮部越亮，那么画面的对比就越强烈。将数值往左调整，对比度减小，画面会变灰；将数值往右调整，对比度增大，画面的对比会更强烈。这里将对比度的值稍微调高一点即可。

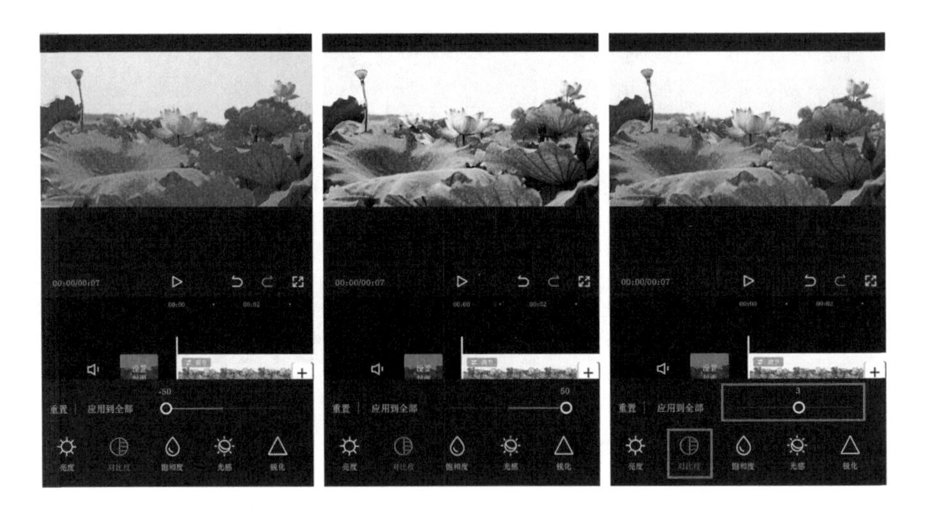

3.2.3 饱和度——改变视频的色彩浓郁度

"饱和度"是对画面的鲜艳程度进行调整的工具。将数值往左调整，画面的颜色就会偏淡；将数值往右调整，画面的颜色就会偏浓郁。注意饱和度的值不能太高，否则画面的颜色就太浓了，过于艳丽的画面看起来缺乏真实性，所以将饱和度的值稍微调高一点即可。

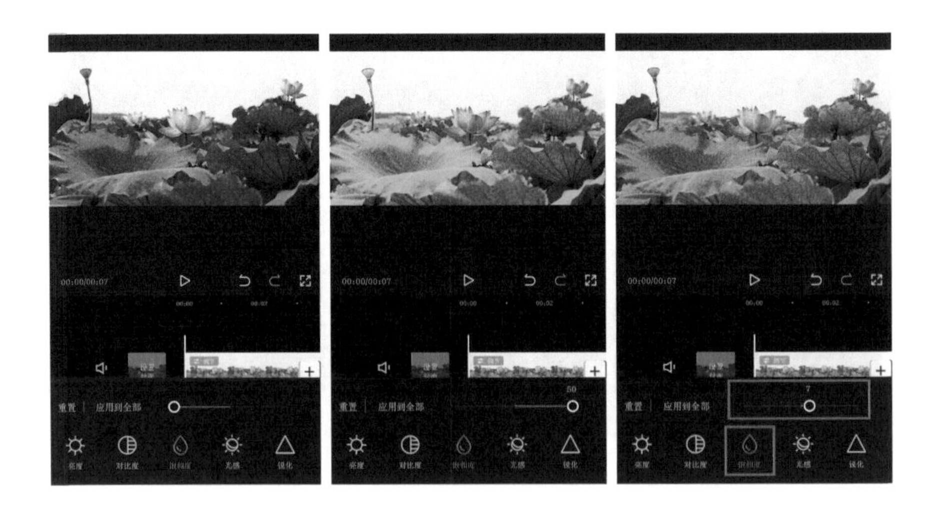

3.2.4 光感——让视频更具光线照射感

“光感”是对画面的感光程度进行调整的工具。降低光感值，画面更接近散射光环境；提高光感值，画面中仿佛有光线照射。一般来说，不用对它进行调整。

3.2.5 锐化——调节视频的清晰度

“锐化”是对画面的锐度进行调整的工具。锐化跟模糊是反义词，增加锐化的值可以让画面表现得更加锐利，但是要注意锐化的值不要调太高，否则画面就会出现噪点。如果想让画面更清楚，可以将锐化的值稍微调高一点。

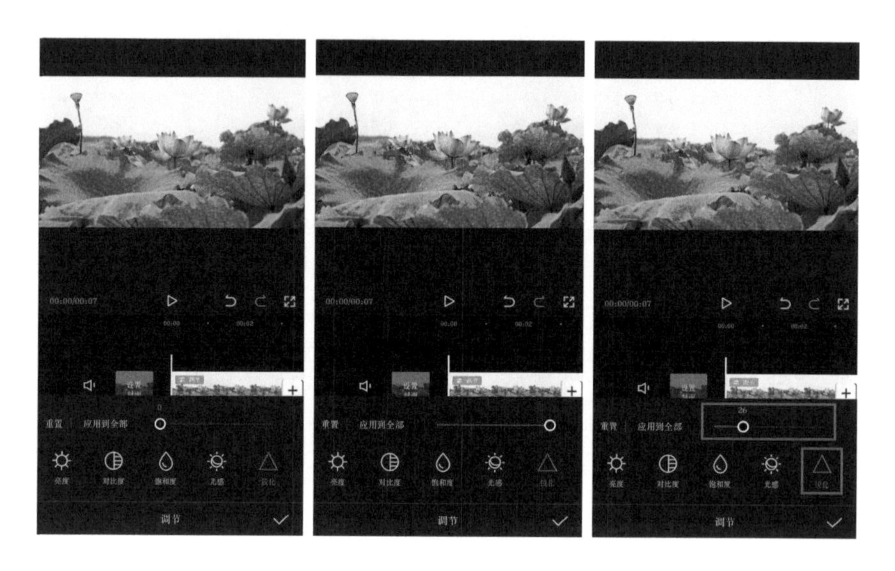

3.2.6 高光——优化亮部的层次和细节

画面亮部如果亮度过高，是无法看清层次的。因此降低高光的值，可以让最亮的部分具有更丰富的层次和细节。

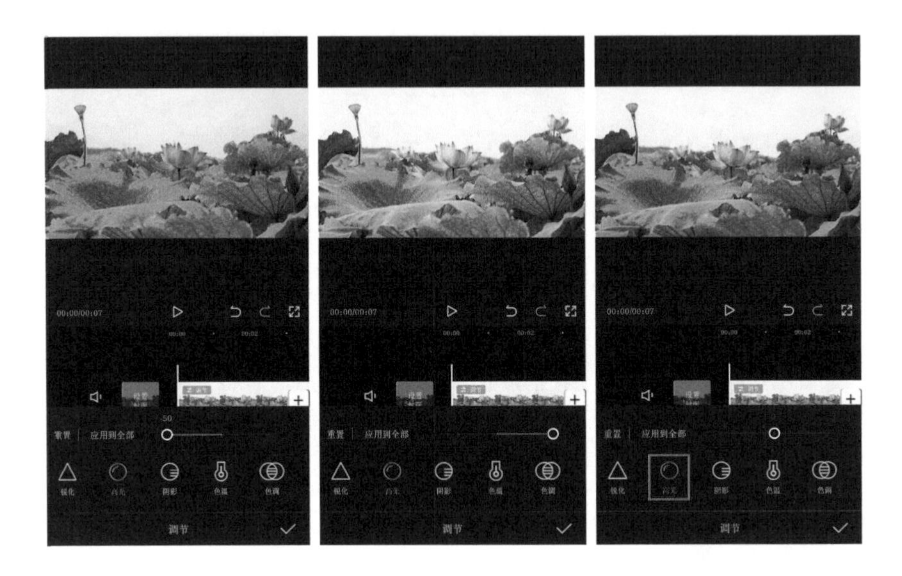

3.2.7 阴影——优化暗部的层次和细节

画面暗部太暗时，观者会无法分辨出暗部的层次和细节。通过提高阴影的值，可以让暗部的层次和细节更完整。

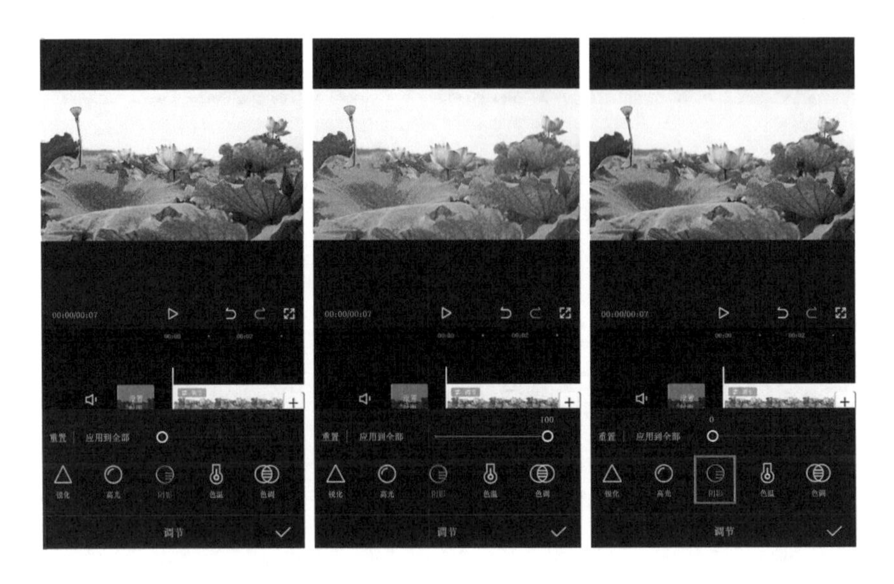

3.2.8 色温——让画面向暖色调或冷色调偏移

色温分为暖色调和冷色调。将数值往左调整，画面会偏蓝（冷色调），给人一种冷清的感觉；将数值往右调整，画面会偏黄（暖色调），给人一种温暖愉快的感觉。对于这个视频来说，想要一种油画复古感，所以可以将暖色调稍微调高一点，让画面偏黄。

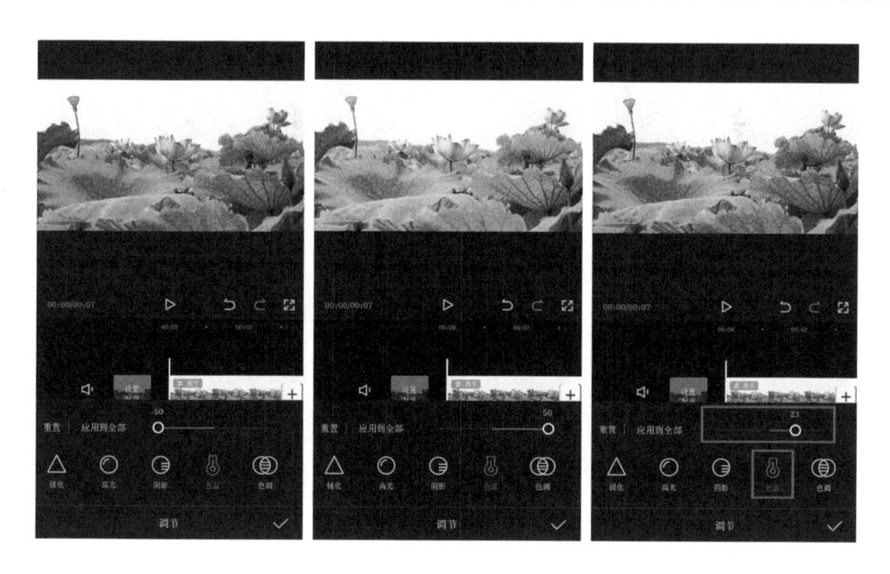

3.2.9 色调——让画面向紫色或绿色偏移

色调可以往绿色和紫色两个方向调整。将数值往左调整，画面会偏绿；将数值往右调整，画面会偏紫。这里可以稍微向右调整一点，增强画面的复古感。

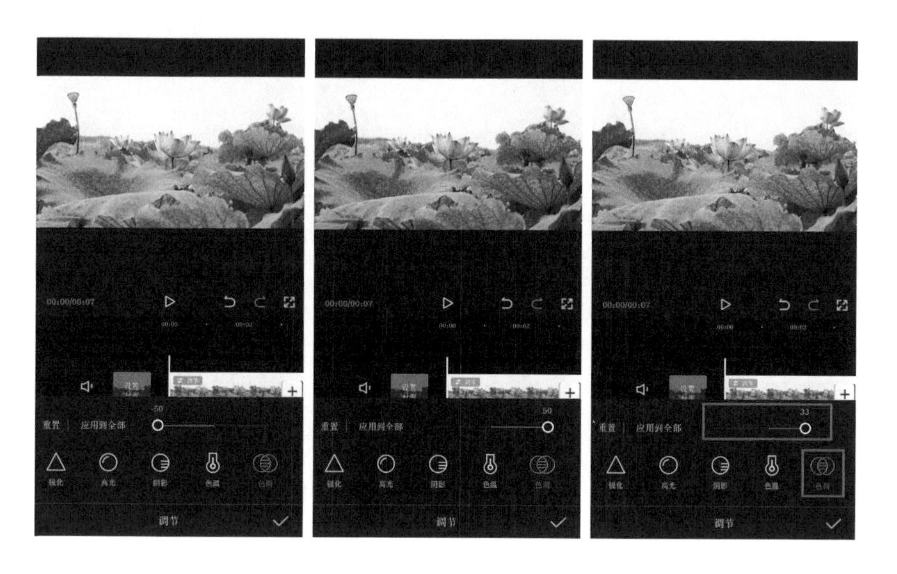

3.2.10 褪色——模拟胶片色调

“褪色”是可以模拟胶片色调的工具。增加褪色的值，可以使画面产生一种朦胧的胶片感。这里可以将褪色的值稍微调高一点。

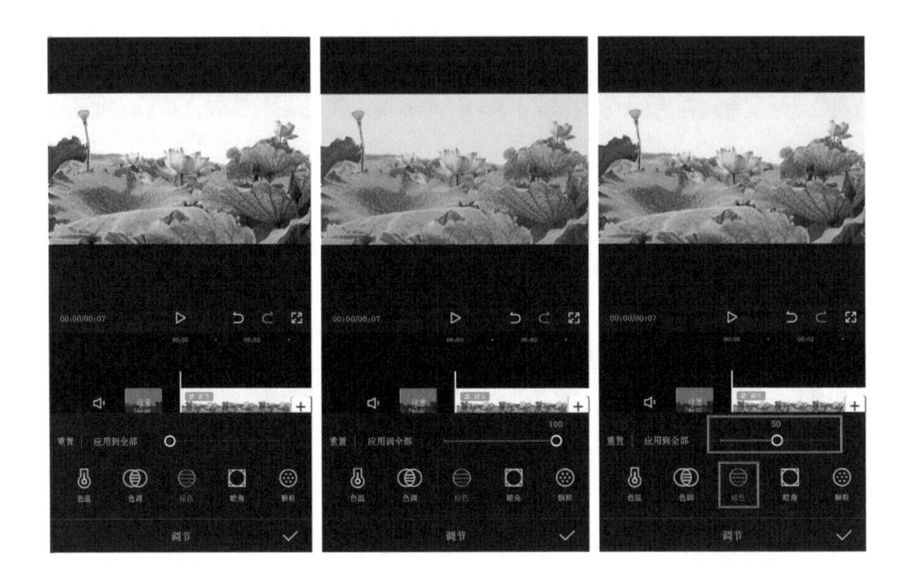

3.2.11 暗角——模拟胶片影调

“暗角”是可以增加画面暗角的工具。这里可以将暗角的值稍微调高一点，让画面四周的亮度降低一些，从而突出中间的景物，并模拟出一种胶片相机的影调效果。

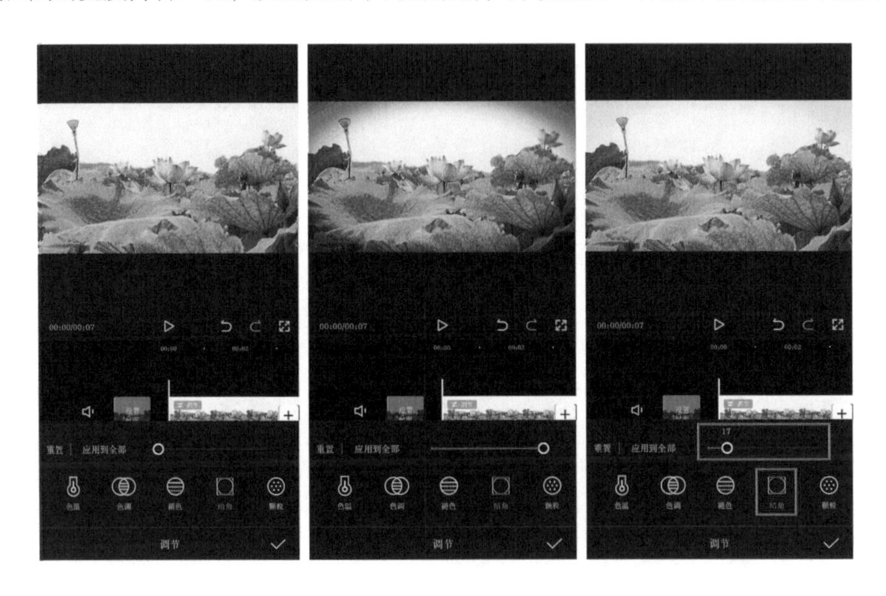

3.2.12 颗粒——模拟胶片质感

“颗粒”是可以增加画面颗粒的工具。将颗粒的值调高，可以为画面添加与用胶片相机拍出来的照片相似的颗粒感和质感。

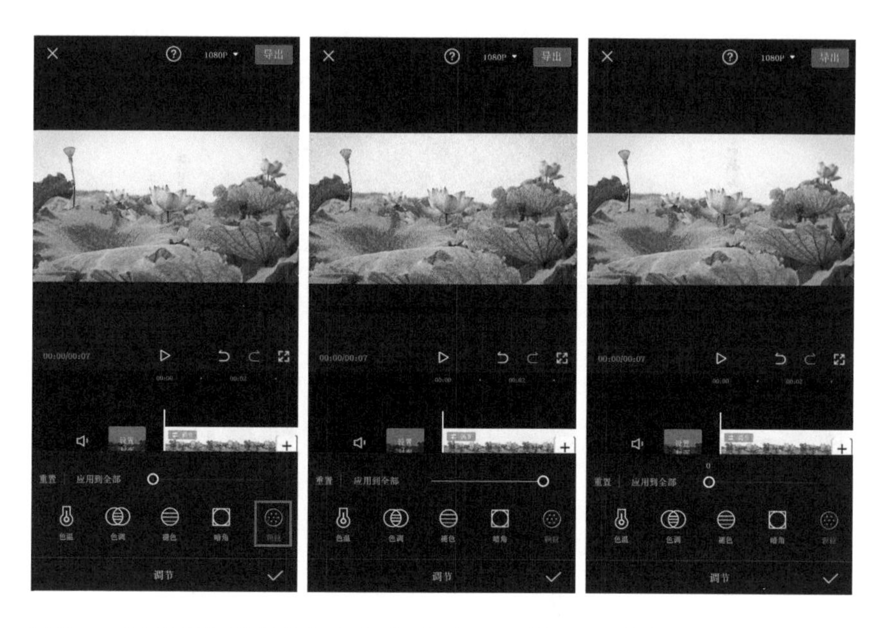

至此，对这段视频素材的调节就完成了。如果想让这种效果应用在所有视频上，可以点击“应用到全部”按钮，然后点击“√”按钮。

如果想让视频恢复到原来的效果，可以点击“重置”按钮，再点击“确定”按钮，这样视频就会恢复到初始状态。然后点击“√”按钮，返回到上一级工具栏，进行其他调整。

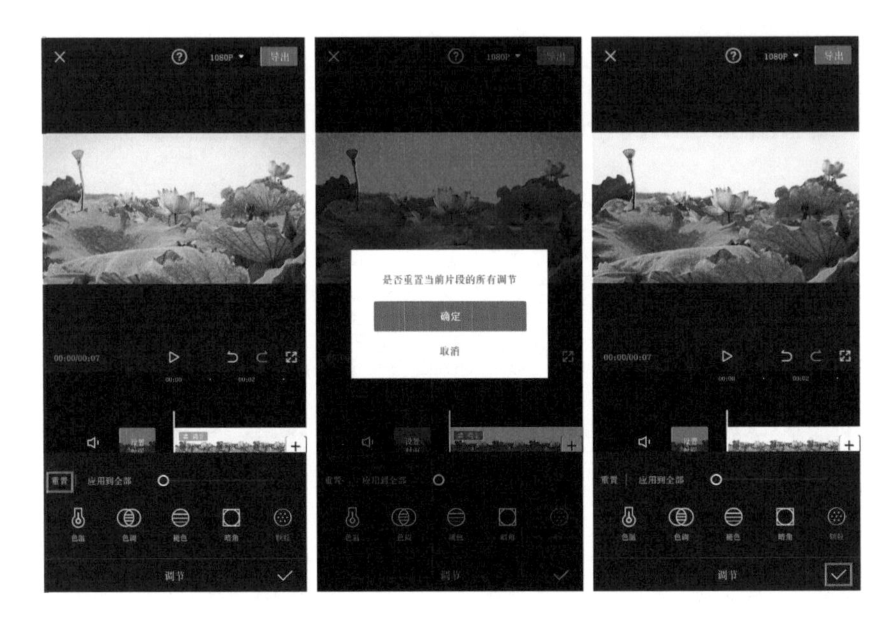

对画面的调节是没有万能参数的，只能根据不同的画面去进行调整。只有多加尝试和练习，才能熟练地掌握调节技巧。在调节时还要注意尽量保证画面的色调统一，这样画面才会更加好看。

对于任何视频素材来说，只要经过滤镜和调节的处理，都可完成色调的调整。无论你想要的是哪种风格，都可以通过这种方式来实现。

04

第4章 音频的添加及调整

一个完整的短视频是由画面和音频两部分组成的。短视频中的音频包括背景音乐、视频原声、声音特效和后期录制的旁白等。音频可以说是视频的灵魂，它能够强调和支撑整个视频的基调和风格。那么如何为视频添加合适的音频呢？

4.1 添加音乐

在剪映中，你可以自由选择喜欢的音乐并把它添加到视频中。添加音乐有以下几种方式：在音乐库中选择音乐、添加在抖音中收藏的音乐、通过链接下载音乐、提取视频中的音乐、导入本地音乐。

4.1.1 在音乐库中选择音乐

剪映的音乐素材库中提供了不同类型的音乐素材。添加音乐的方法非常简单，在未选中素材的状态下，点击“添加音频”按钮或底部工具栏中的“音频”按钮，然后在打开的音频工具栏中点击“音乐”按钮，进入音乐添加界面。

剪映的音乐素材库对音乐进行了细致的分类，如“卡点”“抖音”“纯音乐”“VLOG”“秋天”“旅行”等，你可以根据音乐类别快速挑选适合视频基调和风格的背景音乐。在音乐素材库中，点击任意一首音乐，即可进行试听。

音乐素材右侧有“收藏”按钮、“下载”按钮和“使用”按钮。其中，“使用”按钮仅在已下载的音乐素材右侧出现。

点击“收藏”按钮，即可将音乐添加至音乐素材库的“我的收藏”中，以便下次使用。

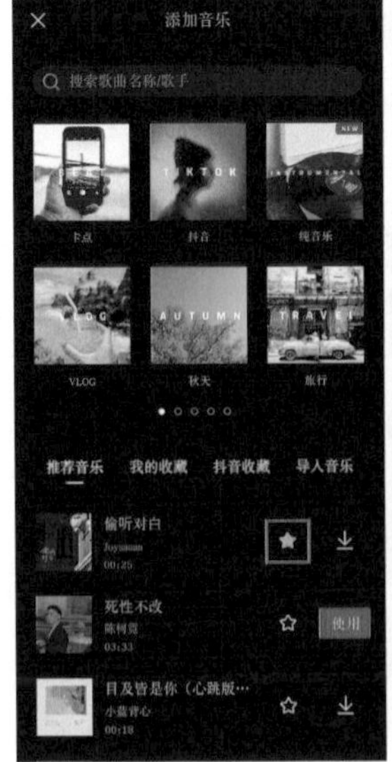

点击“下载”按钮，即可下载音乐，下载完成后会自动进行播放，并且音乐素材右侧会出现“使用”按钮。

点击“使用”按钮，即可将音乐添加至剪辑项目中。

4.1.2 添加在抖音中收藏的音乐

剪映支持在剪辑项目中添加在抖音中收藏的音乐，使短视频更受观众喜爱。当然，前提是你已经用抖音账号登录了剪映，让剪映账号与抖音账号相关联，这样才能直接在剪映中获取在抖音中收藏的音乐。用抖音账号登录剪映的方法很简单，打开剪映，点击“我的”按钮，然后在打开的登录界面中点击“抖音登录”按钮即可。

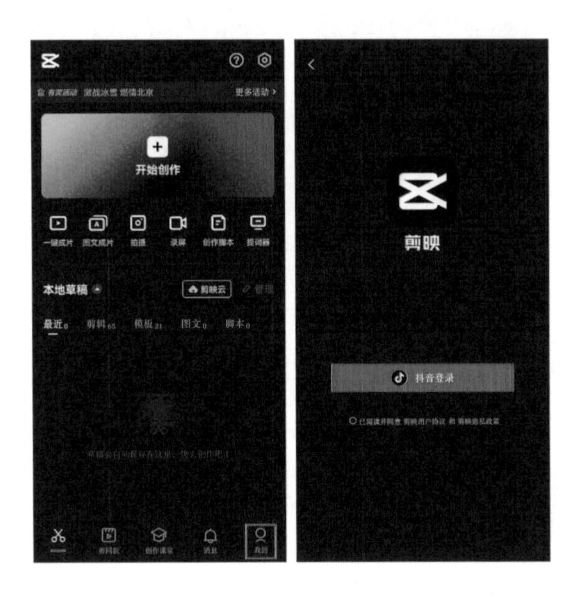

在剪映中添加在抖音中收藏的音乐的方法非常简单。在未选中素材的状态下，点击“添加音频”按钮或底部工具栏中的“音频”按钮，然后在打开的音频工具栏中点击“抖音收藏”按钮，即可进入剪映音乐素材库中的“抖音收藏”，在抖音中收藏的所有音乐都会在这里显示。

点击任意一首音乐素材右侧的"下载"按钮，即可下载音乐，下载完成后会自动进行播放，并且音乐素材右侧会出现"使用"按钮。点击"使用"按钮，即可将抖音中收藏的音乐添加至剪辑项目中。

如果想将"抖音收藏"中的音乐素材删除，只需要在抖音中取消音乐的收藏即可。

4.1.3　通过链接下载音乐

如果音乐素材库中的音乐素材无法满足你的需求，那么你可以尝试通过链接下载其他平台的音乐。通过链接下载音乐的方法非常简单，在剪映的音乐素材库中切换至"导入音乐"，然后点击"链接下载"按钮，复制抖音或其他平台的视频/音乐链接，将其粘贴到输入框中，即可下载音乐。

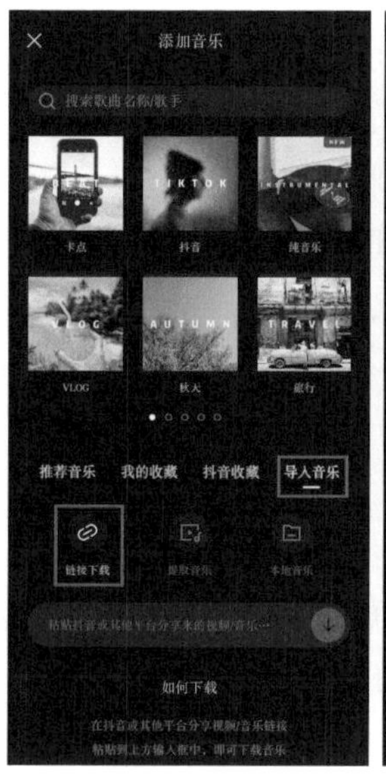

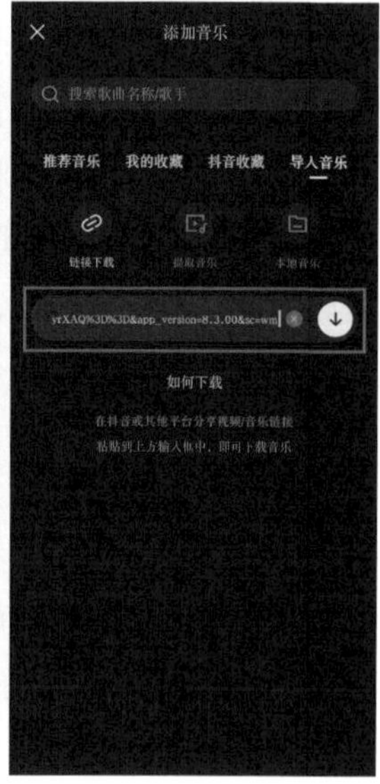

以网易云音乐App为例，假设想将该平台中的音乐导入剪映

中使用，可以在网易云音乐App的音乐播放界面点击右上角的“分享”按钮，再在弹窗中点击“复制链接”按钮。然后回到剪映的音乐素材库当中，切换至“导入音乐”，点击“链接下载”按钮，在输入框中粘贴之前复制的音乐链接，再点击右侧的下载按钮，解析完成后即可将音乐导入剪映中。注意：如果是商用短视频的剪辑，在使用其他音乐平台的音乐素材前，需要与该音乐平台或音乐创作者签订使用协议，避免发生音乐版权的侵权行为。

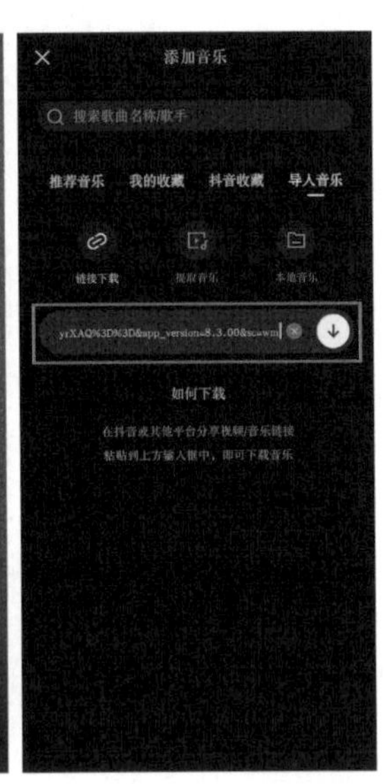

4.1.4 提取视频中的音乐

剪映还支持对带有音乐的视频进行音乐的提取，并将提取出来的音乐单独应用到剪辑项目中。提取音乐的方法有两种，下面就来演示一下。

方法一如下。

在未选中素材的状态下，点击“添加音频”按钮或底部工具栏中的“音频”按钮，然后在打开的音频工具栏中点击“提取音乐”按钮，进入素材添加界面。

选择一段带有音乐的视频素材，点击“仅导入视频的声音”按钮，即可将提取出来的音乐单独添加至剪辑项目中。

方法二如下。

在剪映的音乐素材库中切换至“导入音乐”，点击“提取音乐”按钮，接着点击“去提取视频中的音乐”按钮。然后在打开的素材界面中选择一段带有音乐的视频，点击“仅导入视频的声音”按钮，这样视频中的背景音乐就会被提取到音乐素材库中。

点击音乐素材右侧的“使用”按钮，即可将提取出来的音乐单独添加至剪辑项目中。

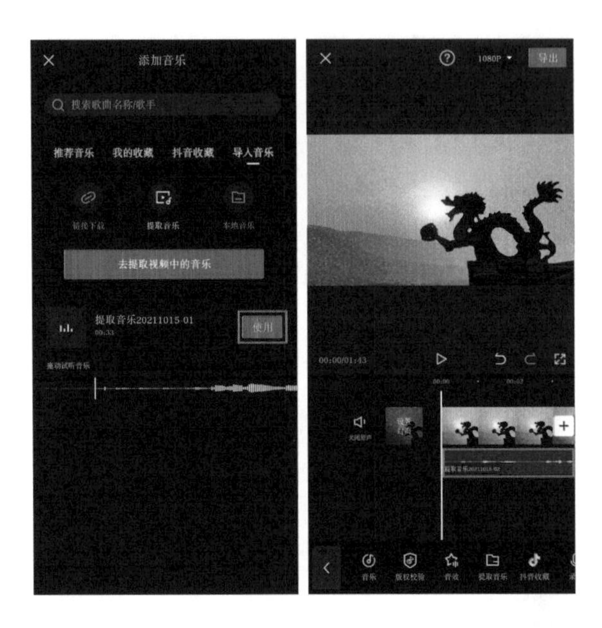

如果想要将导入素材库中的音乐素材删除，可以长按音乐素材，点击弹出的“删除该音乐”按钮，然后在展开的选项栏中点击“删除”按钮。

4.1.5 导入本地音乐

如果你的手机中保存了音乐，也可以直接在音乐素材库中进行选择和使用。在剪映的音乐素材库中切换至“导入音乐”，然后点击“本地音乐”按钮，即可对手机本地下载的音乐进行选择和使用。点击任意一段音乐素材右侧的“使用”按钮，即可将其添加至剪辑项目中。

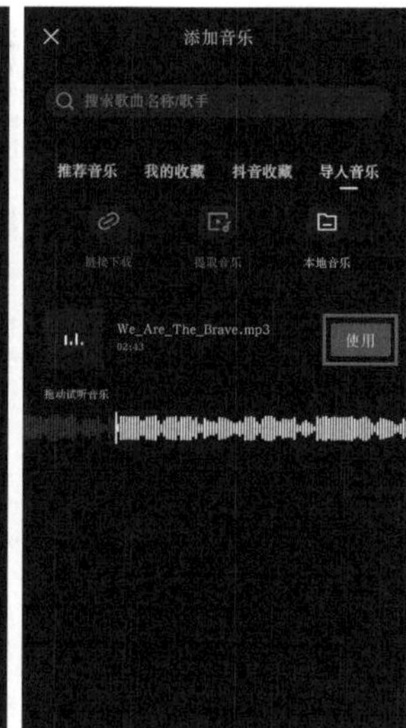

4.2 音频的处理

剪映提供了较为完备的音频处理功能，除了添加音频以外，还支持在剪辑项目中对音频素材进行添加音效、调节音量、静音、淡化处理、复制、分割、删除和降噪等的操作。

4.2.1 添加音效

在观看综艺节目或抖音短视频时，经常能听到一些滑稽的音效，这种效果往往能给观众带来一种轻松愉悦的观看体验。因此，添加音效也是为短视频增添趣味性的方法之一。

添加音效的方法和添加音乐的方法类似。首先，将剪辑轨道区的时间轴竖线定位至需要添加音效的时间点，在未选中素材的状态下，点击“添加音频”按钮或底部工具栏中的“音频”按钮，然后，点击“音效”按钮，打开音效选项栏，其中有综艺、笑声、机械等不同类别的音效。

点击任意一个音效素材右侧的“下载”按钮，即可下载音效。完成下载后会自动播放该音效，并在该音效素材右侧出现一个“使用”按钮。点击“使用”按钮，即可将该音效添加至剪辑项目中。

4.2.2 调节音量

在进行短视频的编辑工作时，可能会出现音频声音过大或过小的情况，音量的

大小十分影响观众的观看体验。为了满足不同的制作需求，可以对音频素材的音量大小进行调节。

调节音量的方法非常简单，在剪辑轨道区中选中一段音频素材，点击底部工具栏中的“音量”按钮，左右拖曳音量滑块即可改变选中的音频素材的音量，完成调节后点击“√”按钮。

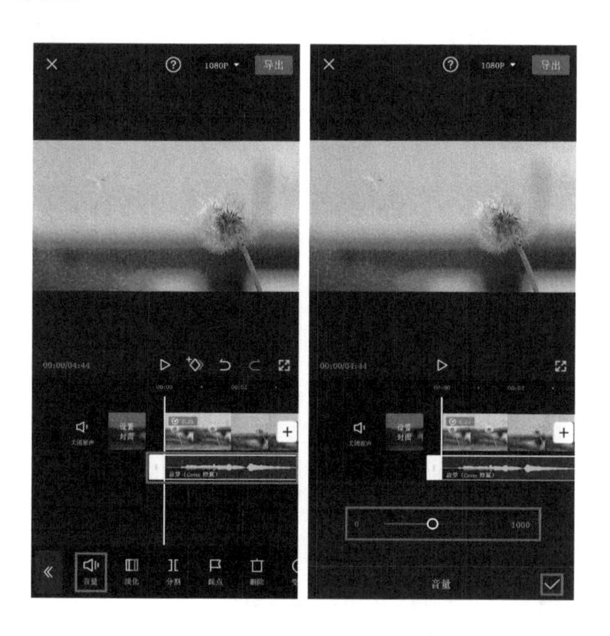

4.2.3 静音

在剪映中将视频静音的方法有以下3种。

方法一：音量调整（该方法适用于视频素材和音频素材）。

在剪辑轨道区选中需要静音的视频素材或音频素材，然后点击底部工具栏中的“音量”按钮，将音量滑块拖至最左侧，完成后点击“√”按钮，即可实现视频静音。

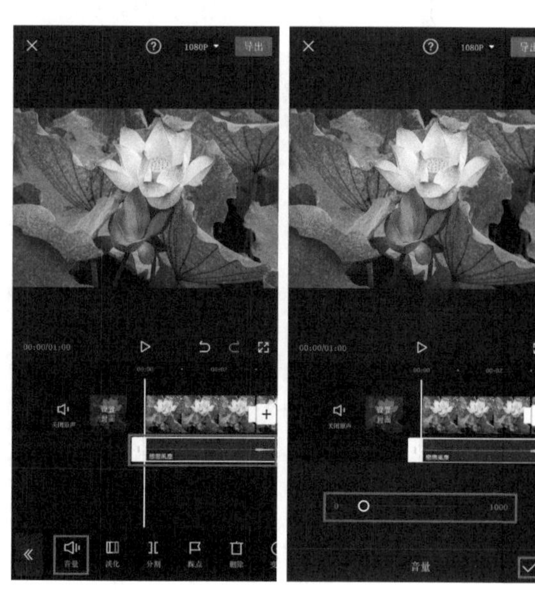

方法二：关闭视频原声（该方法仅适用于视频素材）。

如果剪辑项目中导入的视频素材是带有声音的，可以点击剪辑轨道区左侧的“关闭原声”按钮将视频原声关闭，这样就实现了将视频静音的目的。

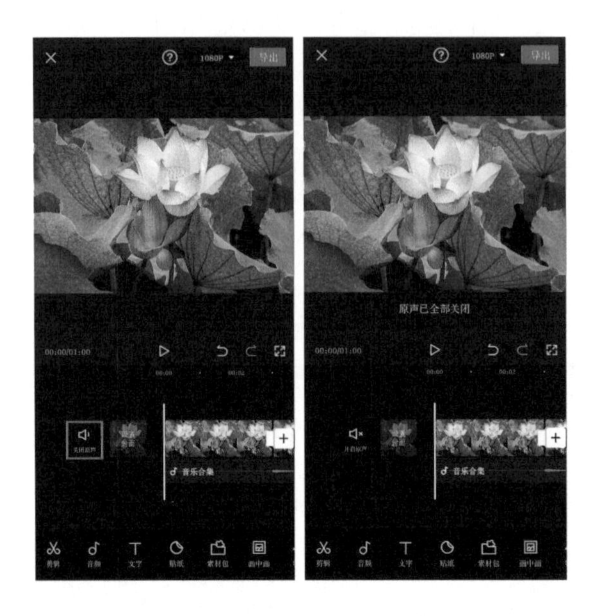

方法三：删除音频素材（该方法仅适用于音频素材）。

在剪辑轨道区选中音频素材，然后点击底部工具栏中的“删除”按钮将音频素材删除，同样可以达到将视频静音的目的。

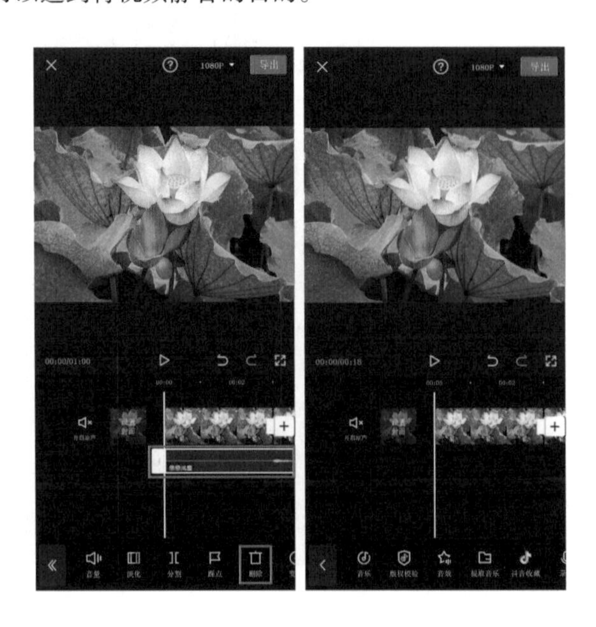

4.2.4 淡化处理

为音频素材的开头和结尾添加淡化效果，可以有效降低音乐进、出场时的突兀感。如果短视频中添加了多段音频素材，在音频的衔接处添加淡化效果，可以令音频之间的过渡更加自然。因此，为音乐素材设置淡化效果就显得十分必要了。一般来说，淡化效果分为淡入效果和淡出效果。

添加淡化效果的方法也非常简单。在剪辑轨道区中选择音频素材，点击底部工具栏中的“淡化”按钮，设置音频的淡入时长和淡出时长，设置完成后点击“√”按钮。

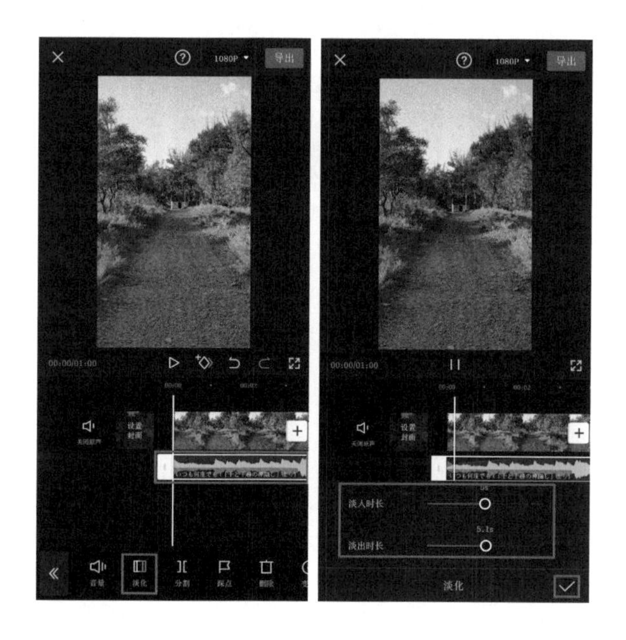

4.2.5 复制音频

如果你需要重复利用某一段音频素材，可以将该音频素材进行复制操作。例如图中的剪辑项目中，视频的时长要比音频的时长长很多，在这种情况下，就可以通过复制音频的方式将音频补充完整。

复制音频的方法与复制视频的方法是一样的。在剪辑轨道区选中需要复制的音频素材，然后点击底部工具栏中的“复制”按钮，即可得到一段同样的音频素材，复制的音频素材会自动显示在原音频素材的后方。注意：如果原音频素材的后方位置被占用，则复制的音频素材会自动分布到新的轨道，但始终位于原音频素材的后方。

当然，你也可以根据实际需求来调整音频素材的位置。此时音频素材的时长比视频素材的时长要长很多，在这种情况下，可以选中复制的音频素材，按住音频素材最右端的白色图标向左拖曳，使之与视频素材的最右端对齐。

4.2.6 分割音频

通过对音频素材进行分割处理，可以实现对素材的重组和删除等操作。

在剪辑轨道区选中音频素材，然后将时间轴竖线定位在需要分割的时间点，点击底部工具栏中的“分割”按钮，即可将选中的音频分割成两段。

4.2.7 删除音频

在剪辑项目中添加音频素材后，如果发现音频素材的持续时间过长，可以先对音频素材进行分割，再选中多余的音频素材，点击底部工具栏中的“删除”按钮，将多余的音频素材删除，这样就能让视频素材和音频素材的时长保持一致了。

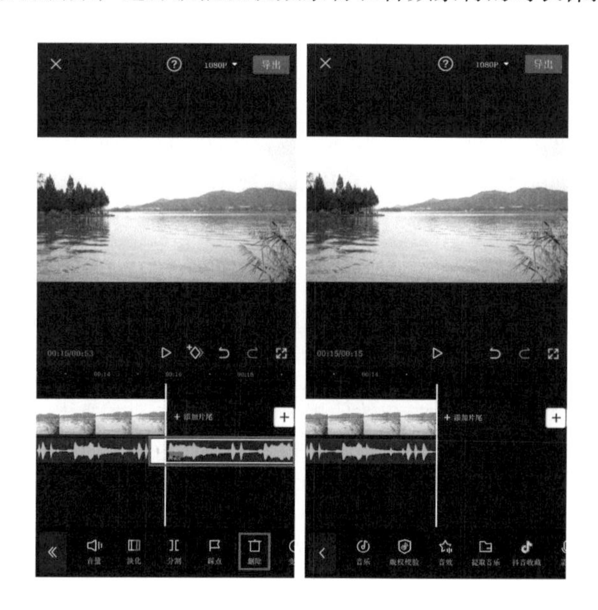

4.2.8 视频降噪

在日常拍摄的过程中，受环境因素的影响，拍出来的视频通常会出现些许的杂音，在这种情况下，可以使用剪映的降噪功能去除视频中的杂音，提升视频的质量。

在剪辑轨道区选中需要进行降噪处理的视频素材，然后点击底部工具栏中的“降噪”按钮，进入降噪界面，开启“降噪开关”，此时剪映将会自动进行降噪处理，完成降噪处理之后，点击“√”按钮，即可完成视频的降噪。

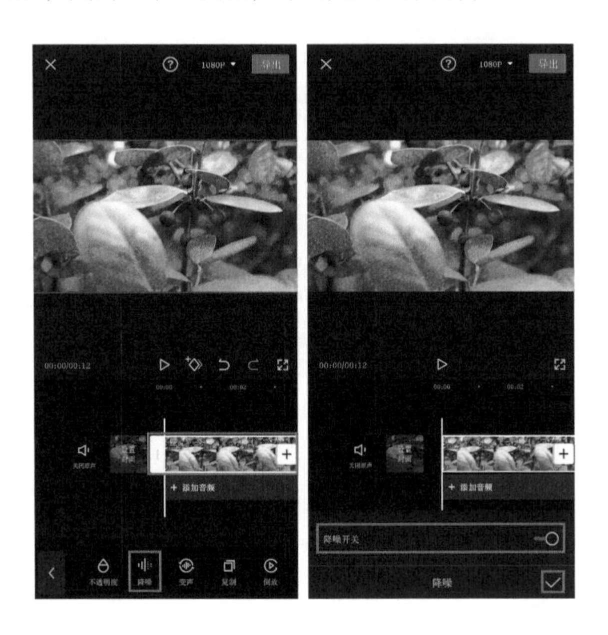

4.3 声音的录制和编辑

在很多短视频创作者创作的视频作品中，人物声音都不是原声，而是在录制之后进行了变速或变声的处理，这样不仅可以加快视频的节奏，还能增加视频的趣味性。

4.3.1 录制声音

剪映的录音功能可以实现声音的录制和编辑工作。录制声音时要尽量选择安静且没有回音的环境，如果是在家里录制，那么十平方米左右的小房间为最佳选择；录制时还可以连接耳机，这样能有效地提升声音质量；注意嘴巴要与麦克风保持一定的距离，可以尝试用打湿的纸巾将麦克风包裹住，防止喷麦。

开始录音前，先将剪辑轨道区的时间轴竖线定位至音频开始处，然后在未选中素材的状态下，点击底部工具栏中的“音频”按钮，在打开的音频工具栏中点击“录

音”按钮，这时会出现一个红色的录制按钮。

按住录制按钮，同时录入旁白，此时剪辑轨道区将会生成音频素材。完成录制后释放录制按钮，即可停止录音。点击右下角的“√”按钮，即可完成声音的录制。

接下来选中音频素材，即可对音频素材进行音量调整、淡化、分割、变声、删除等操作。

4.3.2 音频变声

对音频进行变声处理可以强化人物的声音特色，尤其是对于一些搞笑类的短视频来说，音频变声可以放大此类视频的幽默感。

使用录音功能完成旁白的录制后，在剪辑轨道区选中音频素材，点击底部工具栏中的“变声”按钮，即可打开变声选项栏，其中有“无”“大叔”“女声”“男声”“怪物”等选项，你可以根据实际需求选择想要的声音效果。例如，这里选择了“大叔”，点击“√”按钮，即可完成变声的处理。

4.3.3 音频变速

在进行视频编辑时，为音频进行恰到好处的变速处理，搭配有趣的视频内容可以很好地增加视频的趣味性。音频变速的操作方法非常简单，在剪辑轨道区选中音频素材，然后点击底部工具栏中的“变速”按钮，进入音频变速界面，通过左右拖曳变速滑块可以对音频素材进行减速或加速的处理。

在进行音频变速操作时，如果想对旁白声音进行变调的处理，点击界面左下角的“声音变调”按钮，音调将会发生改变，完成后点击“√”按钮。

4.4 卡点视频

如今，卡点视频火爆各大短视频平台，通过后期剪辑将视频画面与音乐鼓点相匹配，能够使视频具有极强的节奏感。由于手动踩点既费时又费力，因此许多新手对制作卡点视频望而却步，但其实剪映提供的自动踩点功能就能够帮助创作者轻松制作出有趣的卡点视频。卡点视频一般分为两大类，分别是图片卡点和视频卡点。图片卡点是将多张图片组合成一个视频，图片会根据音乐的节奏进行规律的切换。视频卡点是视频根据音乐节奏进行转场或内容变化，或是高潮情节与音乐的某个节奏点同步。

4.4.1 音乐手动踩点

下面以制作图片卡点为例，演示手动踩点（也称卡点）的视频的制作方法。

首先将多张图片导入剪辑项目中，在未选中素材的状态下，点击底部工具栏中的“音频”按钮，进入音频工具栏，点击“音乐”按钮，进入音乐素材库。

在“卡点”分类中选择一首音乐，点击音乐素材右侧的“使用”按钮，将其添加至剪辑项目中。

添加背景音乐后，根据背景音乐的节奏进行手动踩点。在剪辑轨道区添加音乐素材后，选中音乐素材，点击底部工具栏中的“踩点”按钮，进入音乐踩点界面。

在打开的踩点界面中，将时间轴竖线定位至需要进行标记的时间点，也就是音乐的第一个鼓点处，然后点击“添加点”按钮，此时时间轴竖线所处的位置会添加一个黄色的标记点。如果对添加的标记点不满意，点击“删除点”按钮即可将标记点删除。

接着用同样的方式添加多个标记点，对音乐的所有鼓点处进行标记，完成后点击“√”按钮。此时在剪辑轨道区可以看到刚刚添加的标记点。

根据标记点所在的位置，对图片的显示时长进行调整，使图片的切换时间点与音乐的节奏点匹配，完成卡点视频的制作。

最后点击界面右上角的“导出”按钮，将视频导出即可。

在制作卡点视频时，针对一些节奏变化强烈且音乐层次明显的背景音乐，可以通过观察音乐的波形来标记鼓点，通常波形的高空处就是鼓点所在的位置。

4.4.2 音乐自动踩点

剪映提供了音乐自动踩点功能，即可在音乐上自动标记鼓点。相较于手动踩点来说，自动踩点功能更加方便、高效和准确，因此建议使用自动踩点的方法来制作卡点视频。

下面以制作视频卡点为例演示自动踩点的视频的制作方法。视频卡点的制作方法相对比较麻烦，在制作时要根据音乐节奏合理地分割视频内容，否则制作出来的卡点视频就算节奏对上了，画面的转场也会显得特别突兀。

首先将视频素材导入剪辑项目中，在未选中素材的状态下，将时间轴竖线定位至视频的起始位置，然后点击底部工具栏中的“音频”按钮，打开音频工具栏，然后点击“音乐”按钮，进入音乐素材库。

在“卡点”分类中选择一首音乐，点击音乐素材右侧的“使用”按钮，将其添加至剪辑项目中。

在剪辑轨道区选中音乐素材，将时间轴竖线定位至视频的结尾处，然后点击底部工具栏中的“分割”按钮，将音乐素材分割为两段。在剪辑轨道区选中第二段音乐素材，点击底部工具栏中的“删除”按钮，将多余的音乐素材删除。

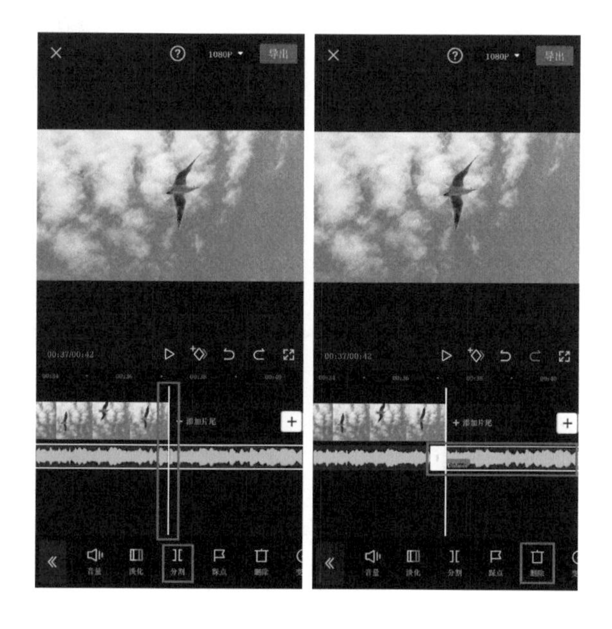

在剪辑轨道区选中音频素材，点击底部工具栏中的“淡化”按扭，进入淡化界面，调整淡出时长，让音乐的结尾部分过渡得更加自然，完成后点击“√”按钮。

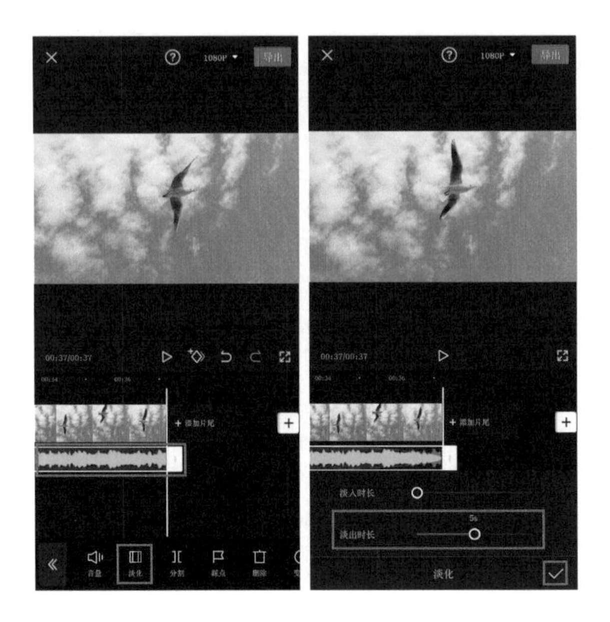

在剪辑轨道区选中音频素材，点击底部工具栏中的“踩点”按钮，进入踩点界面，开启“自动踩点”功能，然后根据个人喜好选择“踩节拍Ⅰ”或“踩节拍Ⅱ”模式，这里选择“踩节拍Ⅰ”模式。

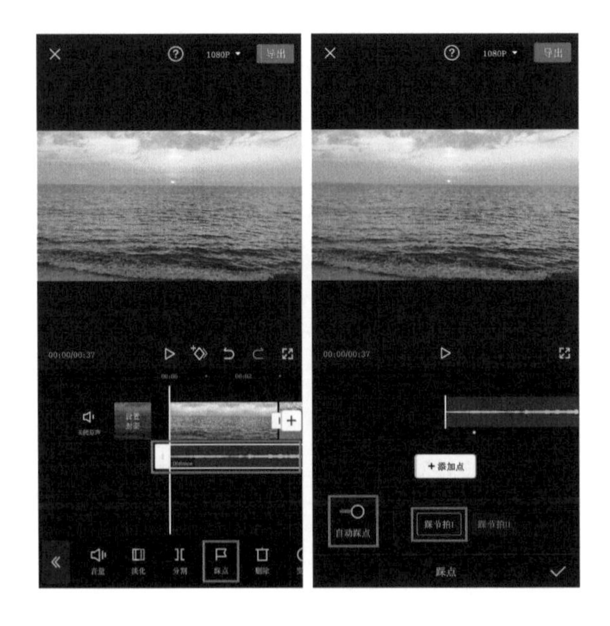

如果对添加的标记点不满意，可以把时间轴竖线定位至需要删除的标记点，点击“删除点”按钮，将标记点删除。点击“播放”按钮▷可以预览踩点效果，通过“添加点”和“删除点”功能调整标记点，直到自己满意为止，完成后点击“√”按钮。

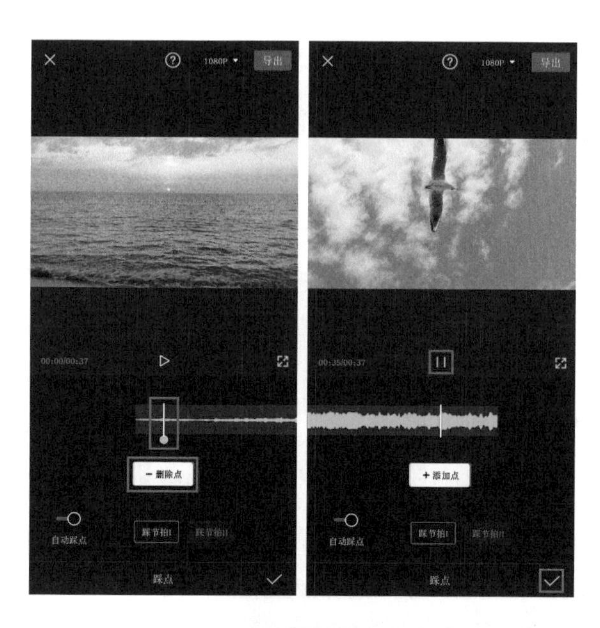

此时音乐素材下方会自动生成标记点，接下来要做的就是根据音乐的节奏点调整视频素材的时长，使每一段视频素材的时长都与音乐的节奏点同步。

例如，第一段视频素材的尾端要比第一个标记点提前一些，那么可以通过变速的方式使其同步。在剪辑轨道区选中第一段视频素材，点击底部工具栏中的“变速”按钮，调整播放的倍速，直到视频素材的尾端与第一个节奏点重合。

巧用各种方法使视频素材与标记点同步后，还可以添加转场效果，让视频素材

之间的过渡更加自然，同时增加视频的趣味性，让视频不再单调乏味。

在剪辑轨道区中，每两段视频素材之间都有一个“转场”按钮▢。点击“转场”按钮，即可进入转场选项栏，选择一个想要的转场效果，然后调整转场时长，接着点击“应用到全部”按钮，将转场效果应用到全部视频上，完成后点击“√”按钮。

最后点击剪辑界面右上角的“导出”按钮，将视频导出即可。

05 第5章 视频的包装

短视频的效果好坏不仅取决于前期拍摄的质量，还取决于后期剪辑的精彩程度。说到后期，就不得不提到视频的包装。视频包装包含字幕、贴纸、滤镜、特效、转场、动画等内容，视频包装能够提升视频画面的美感，展现内容的丰富程度，塑造精美的视频效果。第3章中已经讲解了短视频的滤镜应用，接下来就讲一讲字幕、贴纸、特效、转场、动画等方面的内容。

5.1 字幕

字幕是指出现在短视频作品中的文字内容，通常分为标题字幕和对白字幕。

标题字幕是注解、说明、过渡性字幕，这类字幕或交代故事背景，或推进剧情发展，或起承转合，或省略剧情，留下想象空间。标题字幕的位置一般不固定，可以根据需要自由创作，可以是静态字幕，也可以是动态特效字幕，一般没有人声，不需要跟人声对位。

对白字幕是对话或旁白等声音的文字化表达，能够帮助观众更好地理解和接受视频内容。对白字幕的位置一般位于屏幕下方，大部分都是静态字幕，一般没有特殊效果，以人声为前提，且声画同步。

5.1.1 创建基本字幕

创建剪辑项目后，在未选中素材的状态下，点击底部工具栏中的“文字”按钮，打开文本工具栏，点击其中的“新建文本”按钮，即可弹出输入键盘。

在输入键盘中根据实际需求输入文字，例如，输入“湖州 安吉”，文字内容将

同步显示在视频预览区，完成操作后点击“√”按钮，即可在剪辑轨道区生成文字素材。

长按并拖曳剪辑轨道区的字幕素材，可以调整字幕出现的位置；长按并拖曳字幕素材两端的白色图标，可以修改字幕显示的时长。

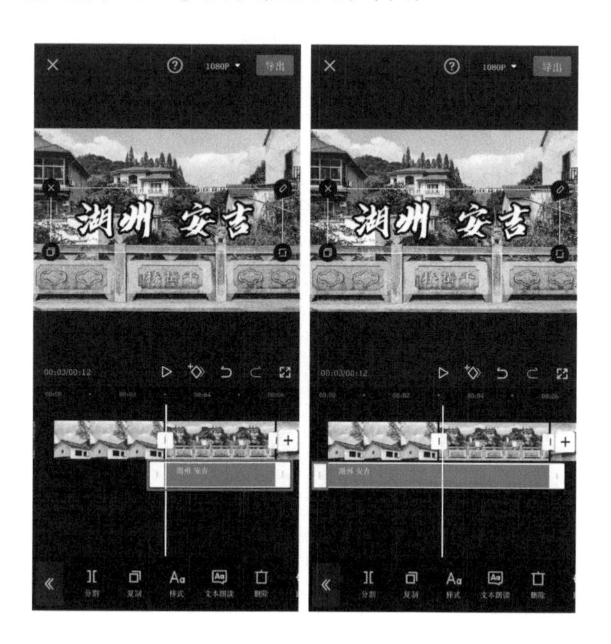

5.1.2 识别字幕

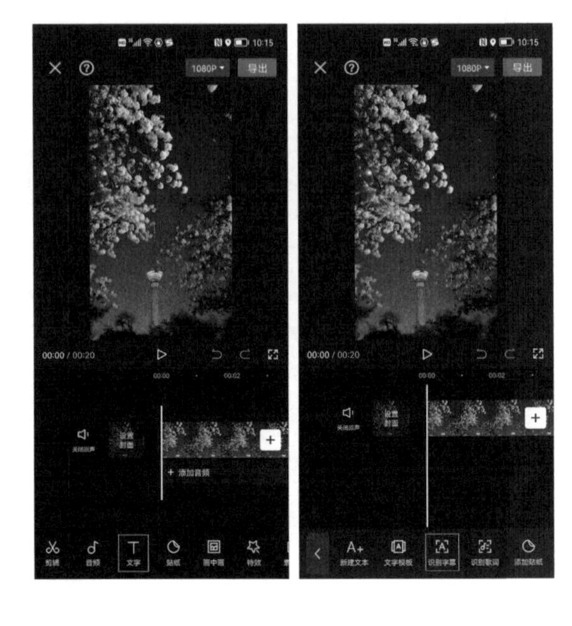

制作有大段旁白的短视频时，如果需要在后期处理时添加字幕，无须花费大量的时间手动添加字幕，剪映可以自动识别声音并将其转换为字幕。无论是视频原声还是在剪映中后期录制的旁白，都可以使用剪映的识别字幕功能方便快捷地完成字幕的添加。

如果已经创建了带有旁白声音的剪辑项目，在未选中素材的状态下，点击底部工具栏中的“文字”按钮，打开文本工具栏，点击其中的“识别字幕”按钮，即可进入识别字幕界面。

弹出提示框后，可以看到有“仅视频”“仅语音”“全部”3个选项，根据需要选择其中一个选项，视情况开启或关闭“同时清空已有字幕”功能，然后点击“开始识别”按钮，即可自动进行字幕识别的操作。识别工作结束后，在剪辑轨道区会出现识别的字幕素材，并且生成的字幕素材将自动匹配到和旁白同步的时间点。

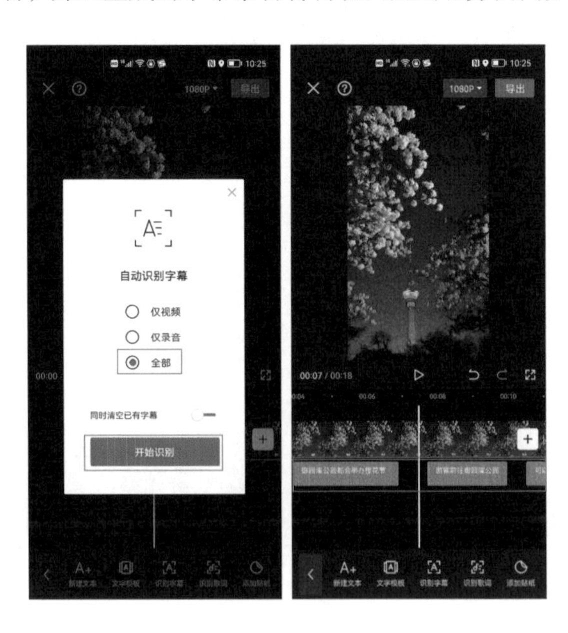

如果识别出来的字幕中有错别字，可以在剪辑轨道区选中有错别字的字幕素材，然后点击视频预览区中文字内容右上角的“编辑”按钮，进入文字编辑界面。

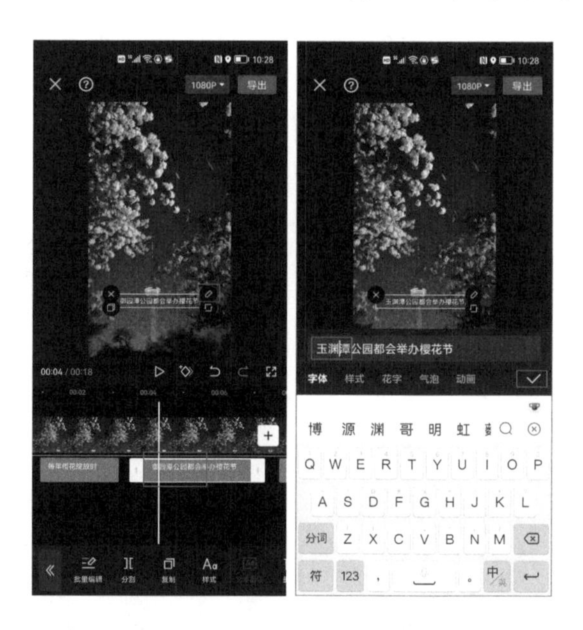

如果识别出来的字幕中出现了大量的错别字，可以在剪辑轨道区选中任意一段字幕素材，点击底部工具栏中的“批量编辑”按钮，进入批量编辑界面，即可对全部字幕进行批量编辑和修改。

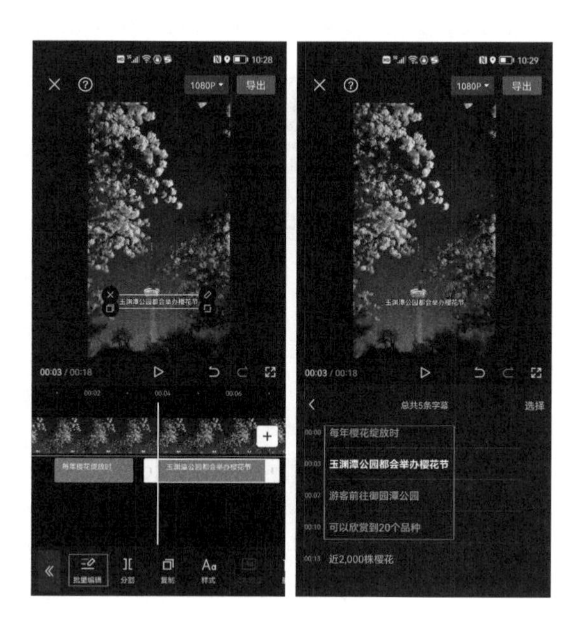

5.1.3 识别歌词

在剪辑项目中添加音乐后，通过识别歌词功能，可以对音乐的歌词进行自动识别，并生成相应的字幕素材，但是此功能暂时仅支持国语歌曲。

识别歌词的操作非常简单。在剪辑项目中完成视频素材和音频素材的添加和处理后，在未选中素材的状态下，点击底部工具栏中的“文字”按钮，打开文本工具栏，点击其中的“识别歌词”按钮，即可进入识别歌词界面。

弹出提示框后，视情况开启或关闭“同时清空已有歌词”功能，然后点击“开始识别”按钮，即可自动进行歌词识别的操作。识别工作结束后，在剪辑轨道区会出现识别的歌词素材，并且生成的歌词素材将自动匹配到和歌声同步的时间点。

如果识别出来的歌词中有错别字，可以在剪辑轨道区选中有错别字的歌词素材，然后点击视频预览区中文字内容右上角的“编辑”按钮，进入文字编辑界面。

如果识别出来的歌词中出现了大量的错别字，可以在剪辑轨道区选中任意一段歌词素材，点击底部工具栏中的“批量编辑”按钮，进入批量编辑界面，即可对全部歌词进行批量的编辑和修改。

5.1.4 调整字幕

添加文字素材后，在剪辑轨道区选中文字素材，视频预览区的文字内容周围有一些功能按钮，通过这些功能按钮，可以对素材进行一些基本调整。

点击文字内容右上角的“编辑”按钮或者双击文字内容打开输入键盘，在这里对文字内容进行修改，完成修改后点击“√”按钮。

点击文字内容右下角的“缩放/旋转”按钮，可以对文字进行缩放和旋转操作。

按住文字内容进行拖曳，可以调整文字素材的位置。

点击文字内容左下角的“复制”按钮，可以复制文字素材。

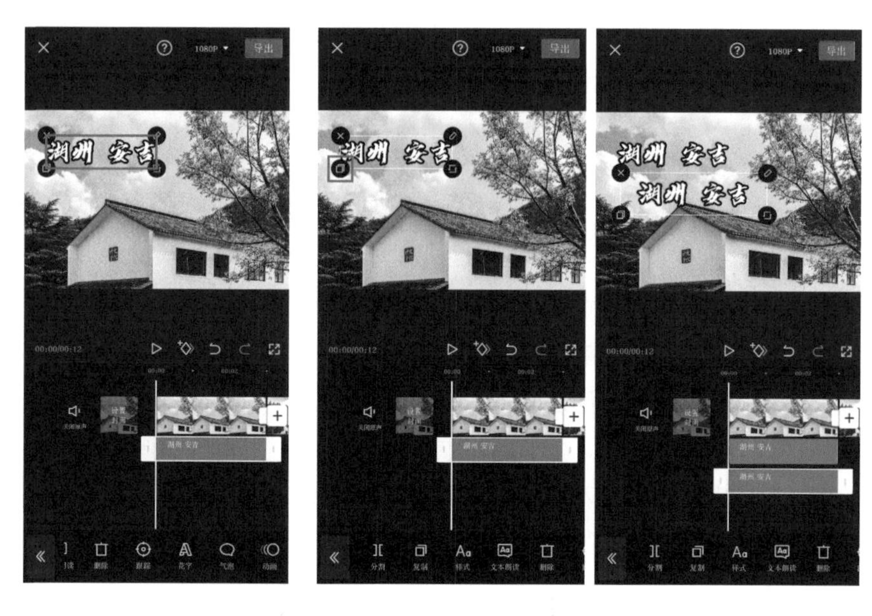

点击文字内容左上角的“删除”按钮，可以删除文字素材。

在剪辑轨道区选中文字素材，长按并拖曳文字素材左右两端的白色图标，可以对文字素材的时长进行调整。

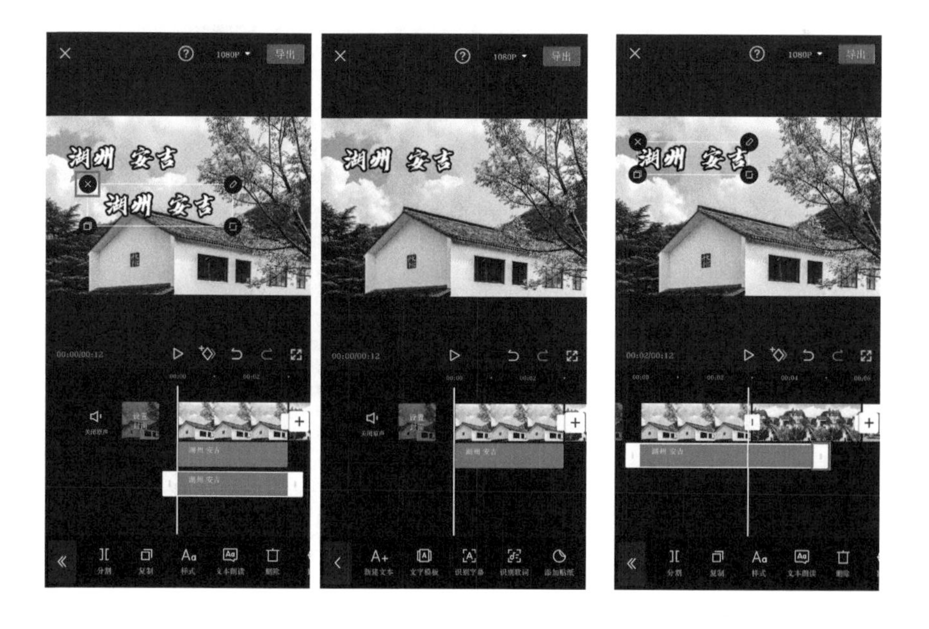

5.1.5 设置字幕效果

添加文字素材后，在剪辑轨道区选中文字素材，底部工具栏中会出现“分割”“复制”“样式”“文本朗读”“删除”“跟踪”“花字”“气泡”“动画”等工具。其中，字幕的“样式”“花字”“气泡”“动画”是最常用的几个工具，使用上述几个工具可以设置字幕的效果，提升视频的观赏性。

- 设置字幕样式

在创建字幕后，可以对字幕的样式进行调整，包括字体、颜色、描边、标签、阴影、排列、粗斜体等。要想设置字幕样式，有以下两种方法。

方法一如下。

在创建字幕时，点击输入键盘的下拉按钮，将输入键盘隐藏。然后点击文本输入框下方的“样式”按钮，进入字幕样式栏。

方法二如下。

如果你在剪辑项目中已经创建了字幕素材，则可以在剪辑轨道区选中字幕素材，然后点击底部工具栏中的“样式”按钮，进入字幕样式栏。

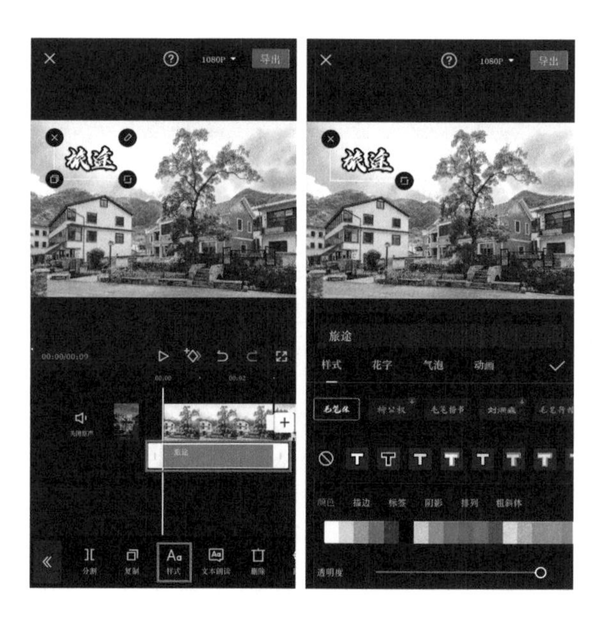

下面以一段风景视频为例，演示设置字幕样式的具体过程。创建剪辑项目后，在未选中素材的状态下，点击底部工具栏中的“文字”按钮，打开文本工具栏，点击其中的“新建文本”按钮，弹出输入键盘。在输入键盘中输入“杭州 湘湖”，然后点击输入键盘的下拉按钮，将输入键盘隐藏。

点击文本输入框下方的“样式”按钮，进入字幕样式栏，选择一个喜欢的字体和预设样式。

如果对预设样式不满意，还可以通过底部的工具栏自定义字幕的样式，包括字幕的颜色、描边、标签、阴影、排列和粗斜体。

点击“颜色”按钮，可以设置字幕的颜色和不透明度。

点击“描边”按钮，可以设置字幕的描边颜色和描边的粗细。

点击“标签”按钮，可以设置字幕的底色和底色的透明度。

点击“阴影”按钮，可以设置字幕的阴影颜色和阴影的透明度。

点击“排列”按钮，可以设置字幕的排列方向和字间距。

点击“粗斜体”按钮，可以设置字幕的粗体、斜体和下划线。

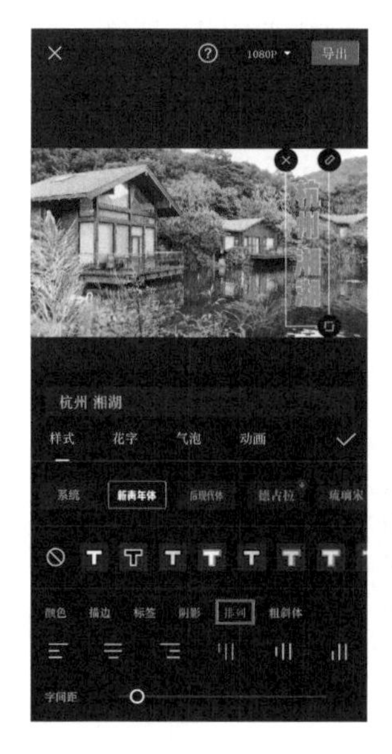

- 设置字幕花字

剪映内置了极其丰富的花字样式。创建字幕后，在剪辑轨道区选中字幕素材，点击底部工具栏中的“花字”按钮，打开花字选项栏，选择一个你喜欢的花字样式，点击“√”按钮，即可完成花字效果的设置。

由于剪映内置的花字样式特别多，有时候很难找到满意的样式，因此可以直接对想要的花字样式进行搜索。点击“搜索”按钮Q，会弹出输入键盘，输入想要查找的样式关键词，如输入“高级”，然后点击键盘上的“搜索”按钮，这时就会出现很多高级花字样式，在其中选择一个你喜欢的花字样式，点击“关闭”按钮，即可完成高级花字效果的设置。

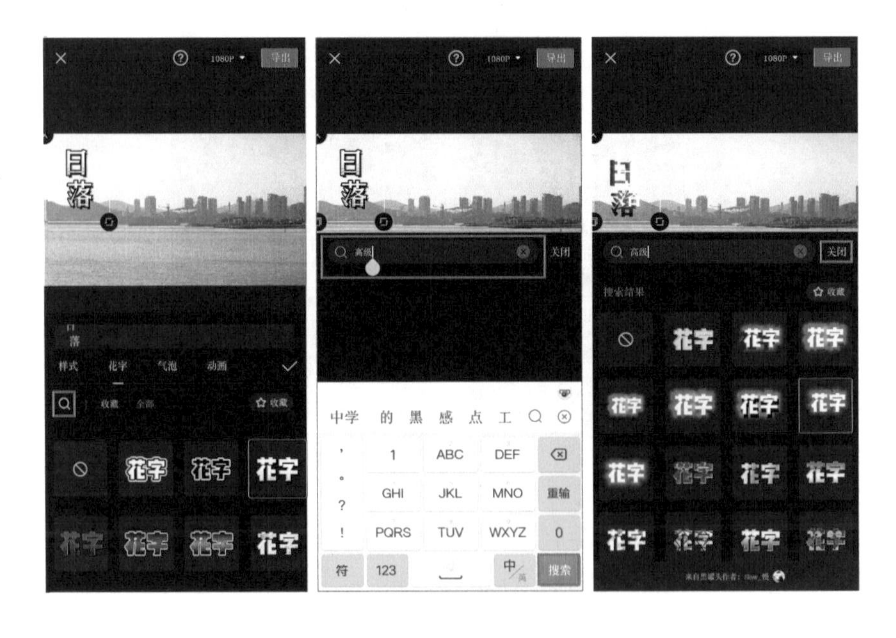

- 设置字幕气泡

创建字幕后，在剪辑轨道区选中字幕素材，点击底部工具栏中的“气泡”按钮，打开气泡选项栏，选择一个你喜欢的气泡效果，点击“√”按钮，即可为字幕添加合适的气泡背景。添加气泡效果时要注意文字的颜色，如现在的文字是黄色的，气泡背景也是黄色的，如果文字没有黑色的描边，那么添加气泡之后，气泡背景和字体颜色相融合，就看不到文字了。因此，为了让字幕能够正常显示，切记字体颜色和气泡背景的颜色不要相同。

把两根手指放在视频预览区中的气泡上，即可对气泡字幕进行放大、缩小或旋转操作。把一根手指放在视频预览区中的气泡上，可以移动气泡字幕的位置。

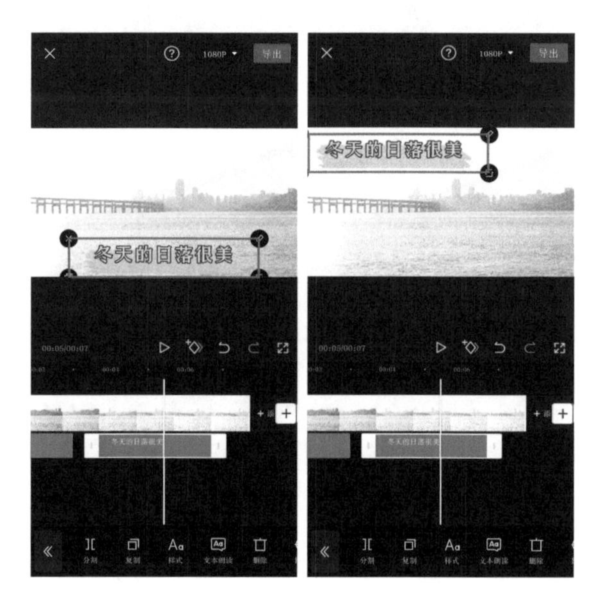

- 设置字幕动画

在完成基本字幕的创建后，可以给字幕添加动画效果让视频呈现出更加精彩的视觉效果。

创建字幕后，在剪辑轨道区选中字幕素材，点击底部工具栏中的“动画”按钮，即可打开动画选项栏，在动画选项栏可以看到“入场动画”“出场动画”“循环动画”这3个选项。在“入场动画”中选择一个“羽化向右擦除”的效果，并将动画时长设置为1.5秒，完成后点击“√”按钮，即可完成字幕动画效果的设置。

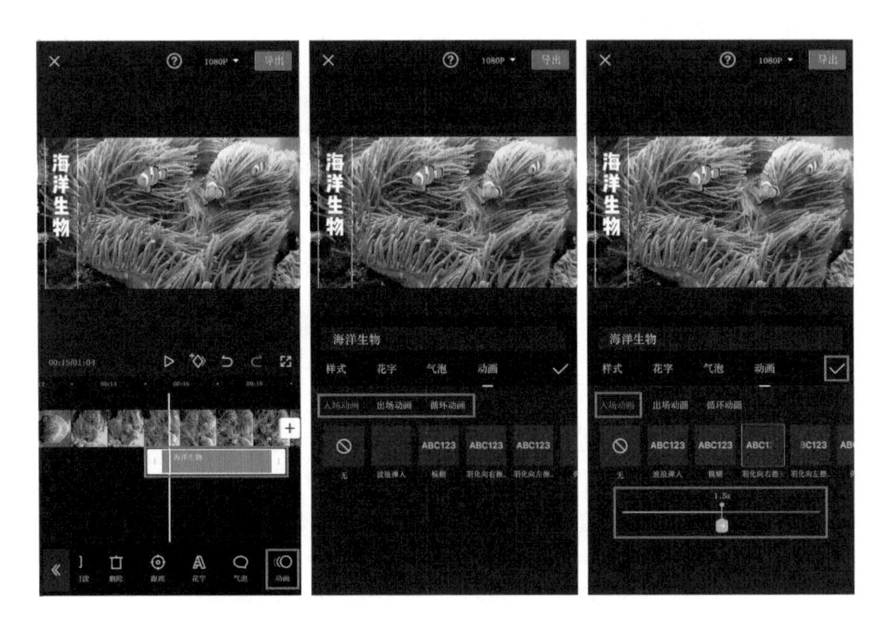

最终视频的字幕效果如下图所示。

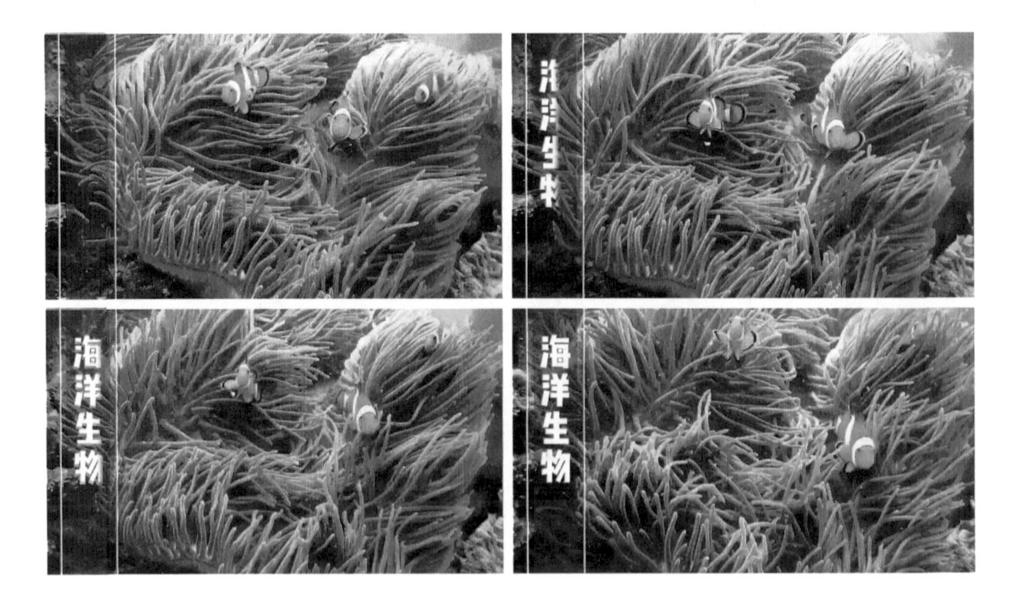

5.1.6 使用文字模板

除了添加基本字幕之外，如果你想给字幕添加动态效果，最简单的方式就是使用文字模板功能直接在视频中添加精美的字幕，省去手动调整字幕样式和添加动画效果的麻烦。

下面以一段文物展出的短视频为例，演示如何在剪映中添加文字模板。

首先将视频素材添加至剪辑项目中，将时间轴竖线定位至第一个文物出场的位置，然后在未选中素材的状态下，点击底部工具栏的“文字”按钮，打开文本工具栏，点击其中的“文字模板”按钮，即可看到很多热门的文本样式，并且都做了清晰的分类。

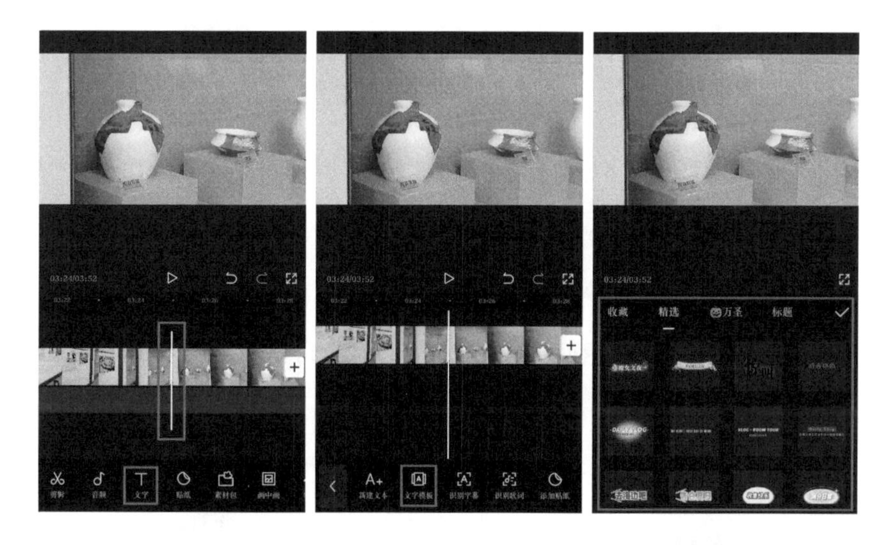

选择一个合适的文字模板。因为这是一段文物展出的视频，所以选择了国风分类中的“茉莉桃桃乌龙”模板。

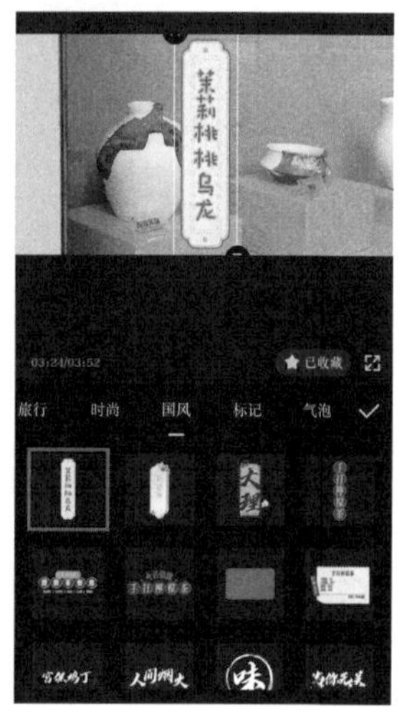

添加文字模板后，将文字模板移动到合适的位置并调整它的大小。在视频预览区点击文字内容，弹出输入键盘，对文字进行修改。这里将文字修改为“陶双耳罐”，完成后点击“√”按钮。

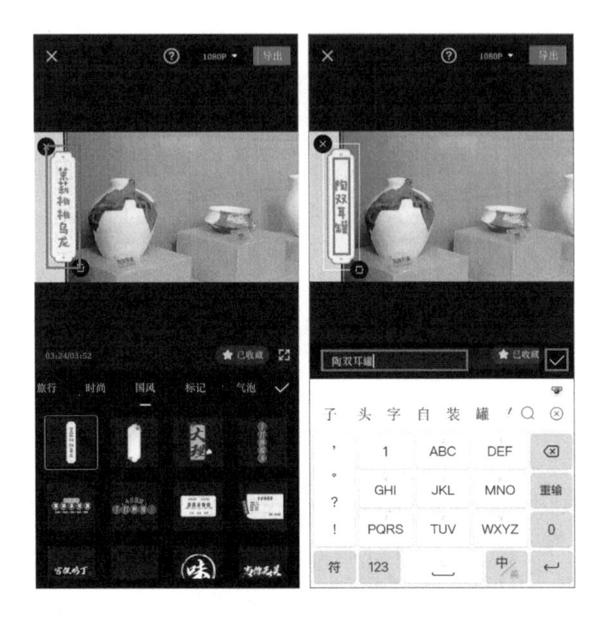

再次点击“√”按钮，返回文本工具栏，可以看到剪辑轨道区出现了一段字幕素材。

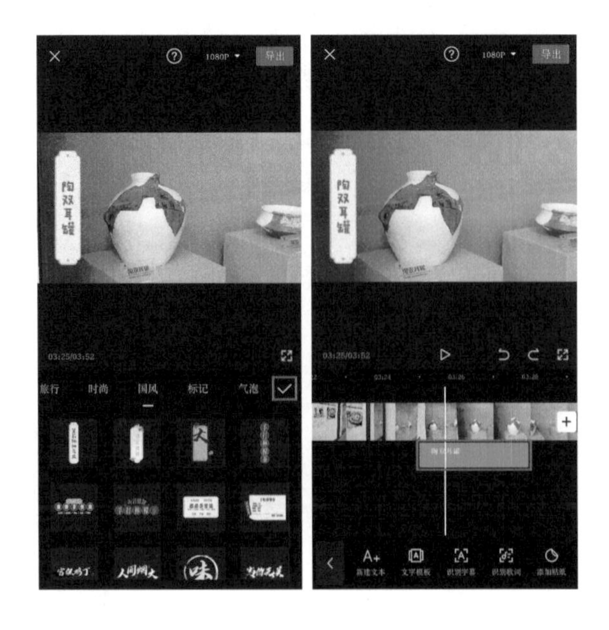

在剪辑轨道区选中文本素材，点击底部工具栏中的“复制”按钮，复制一段文本素材。

将时间轴竖线定位至第二个文物出场的位置，然后在剪辑轨道区选中复制的文本素材，长按并向右拖曳文本素材，使其最左端与时间轴竖线所处的位置对齐。

在视频预览区点击文字内容，弹出输入键盘后，将文字修改为“陶盆”，完成后点击“√”按钮。这样，第一个文物出场的位置和第二个文物出场的位置就都添加了相同效果的字幕。

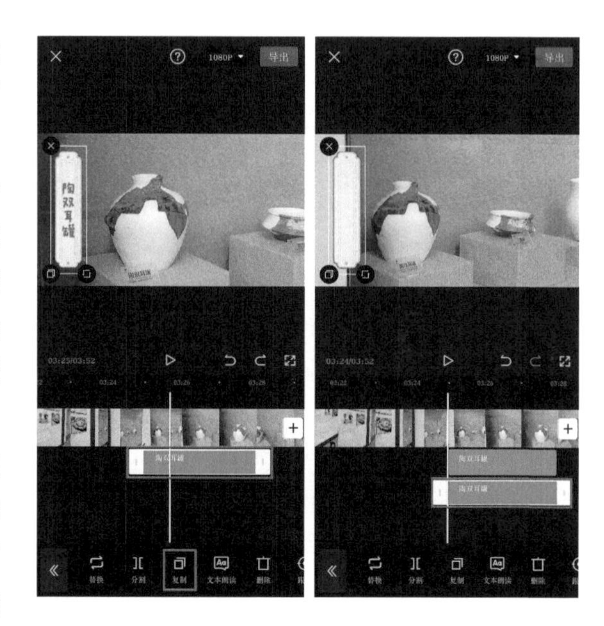

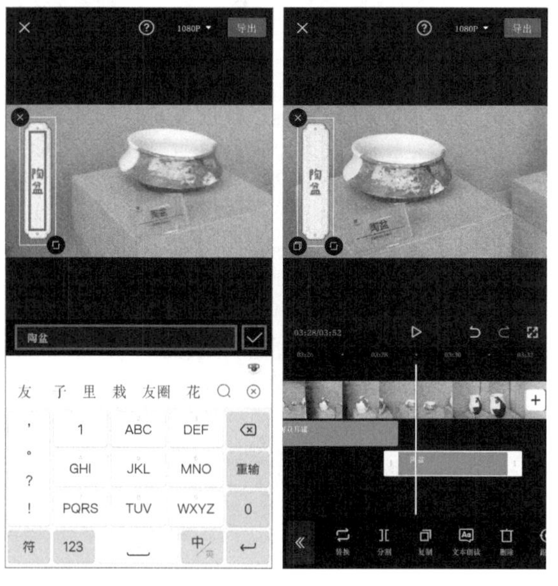

最终视频的字幕效果如下页图所示。

5.2 贴纸

完成了字幕的添加及调整之后，也不要忽略了贴纸的重要性。在短视频中添加贴纸可以有效地提升视频的趣味性，同时还能起到修饰视频画面的作用。用贴纸功能配合字幕效果，可以创造出更多玩法。

添加剪辑项目后，在一级工具栏中点击“贴纸”按钮，进入贴纸界面。剪映内置了非常多的热门贴纸，并且已经做好了详细的分类。如果需要某种类型的贴纸，只需要拖曳分类标签，找到相应的分类即可。

点击“热门”标签中的“旅人”贴纸，在视频预览区即可看到该贴纸。将贴纸调整到合适的大小并移动到合适的位置，然后点击“√”按钮，完成贴纸的添加。

此时剪辑轨道区会出现一段贴纸素材。选中贴纸素材，在下方的工具栏中可以分割、复制或删除贴纸，或者为贴纸添加动画效果和镜像效果。除此以外，还可以

设置跟踪效果，让贴纸跟随画面中的某个物体进行移动，使视频更加有趣。

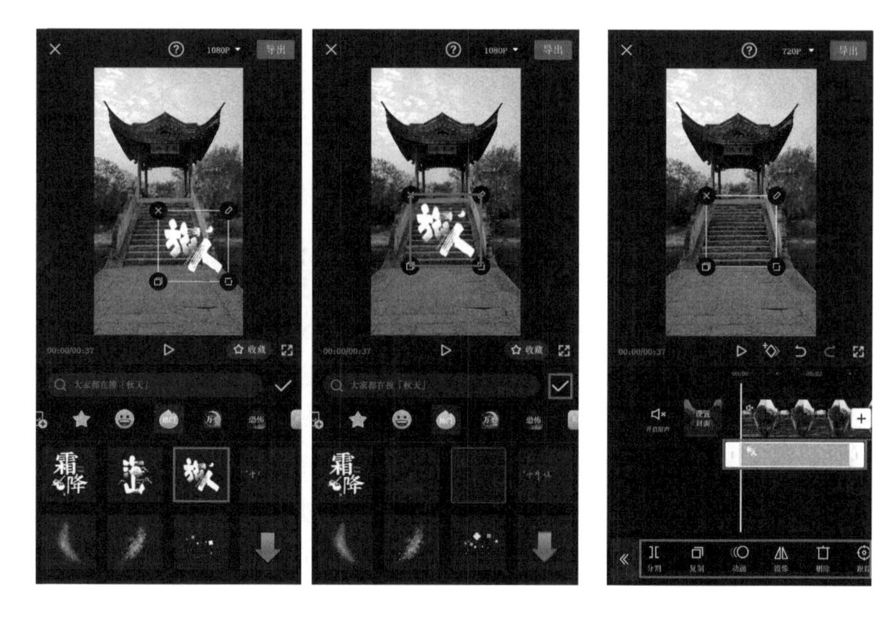

最终视频的贴纸效果如下图所示。

以上就是关于字幕和贴纸功能的介绍。虽然剪映内置的文字样式和贴纸样式非常丰富，但是在添加时一定要遵循适度的原则。水满则溢，月盈则亏。切记不要在视频中添加过多的元素，避免让画面显得太过凌乱，从而影响了视频本身的内容。

5.3 特效

从字面意义上来讲，特效就是特殊的效果。在影视工业中，特效是指人为制造出来的假象和幻觉。随着软件的发展，特效的制作变得越来越简单，剪映更是把特效制作的步骤简化到了极致——只需点击，即可完成特效的制作。合理地应用特效，可以让短视频不再单调，从而带给观众更加精彩的视觉感受。

5.3.1 添加特效

在剪映中添加剪辑项目之后，在未选中素材的状态下，将时间轴竖线定位至需要添加特效的位置，点击底部工具栏中的“特效”按钮，进入特效选项栏，可以看到“画面特效”和“人物特效”这两个选项。由于这个视频拍摄的是动物，使用人物特效中的效果并不合适，所以这里点击“画面特效”按钮，进入特效界面。剪映内置了非常多的特效，并且根据不同的主题进行了分类，如热门、光感、漫画等。每一种特效都有相应的效果缩略图，这些效果缩略图可以帮助用户清晰地了解每种特效所产生的效果。

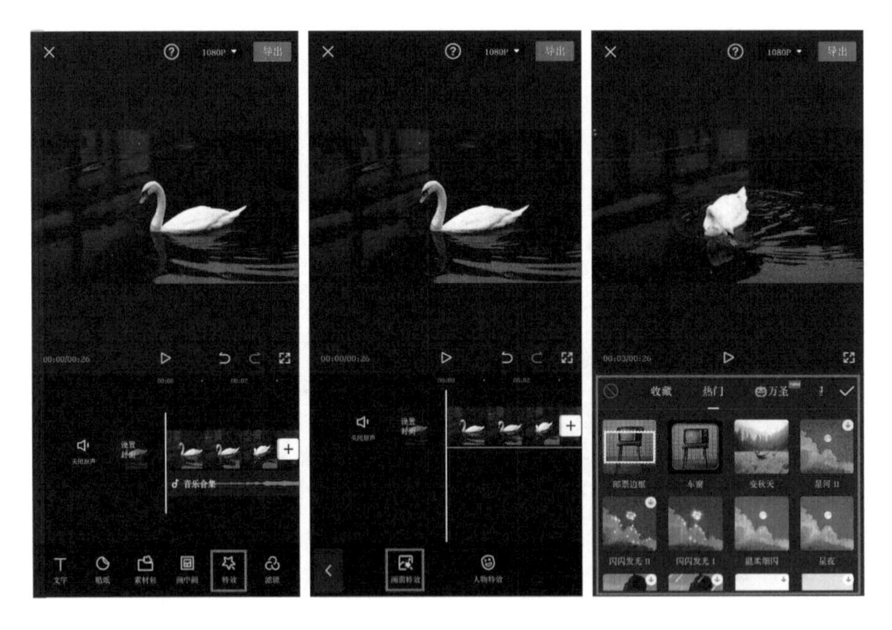

在剪映中添加特效是非常方便的。为了表现天鹅优雅的气质，这里选择“氛围”类别中的“梦蝶”特效，可以在视频预览区实时预览特效的效果。

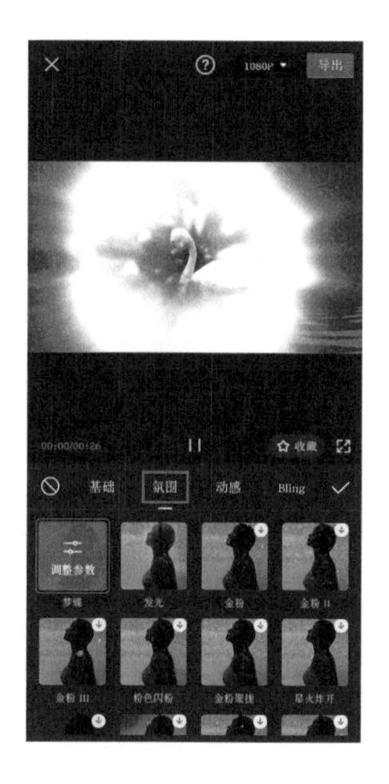

点击“调整参数”按钮，可以调节该特效的速度和氛围，完成修改后点击下拉按钮，隐藏调节栏，返回特效界面。点击特效界面的“√”按钮，完成特效的添加。

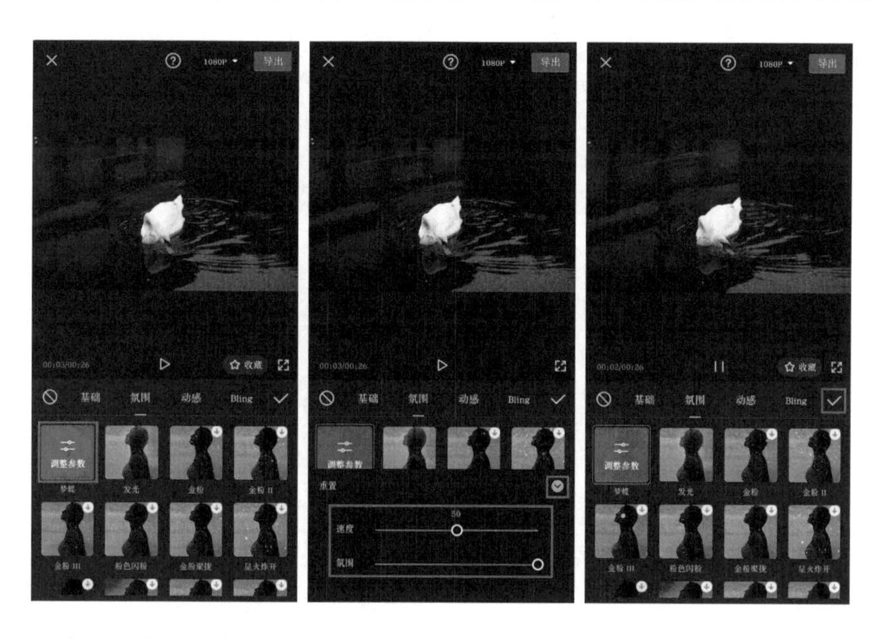

此时可以看到在剪辑轨道区增加了一个特效轨道，特效轨道覆盖的区域就是添加特效的区域。在剪辑轨道区选中特效素材，底部工具栏中会出现编辑工具，包括“调整参数”“替换特效”“复制”“作用对象”“删除”等。

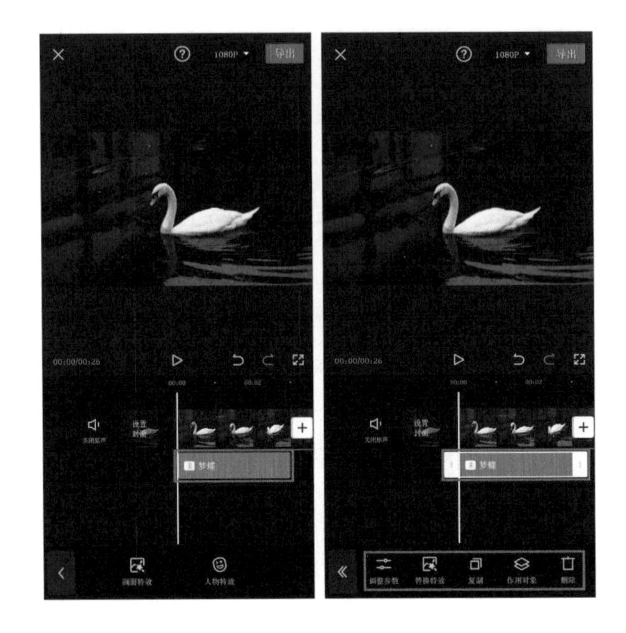

长按并拖曳特效素材，可以调整特效出现的位置；选中特效素材，长按并拖曳特效素材两端的白色图标，可以修改特效显示的时长。

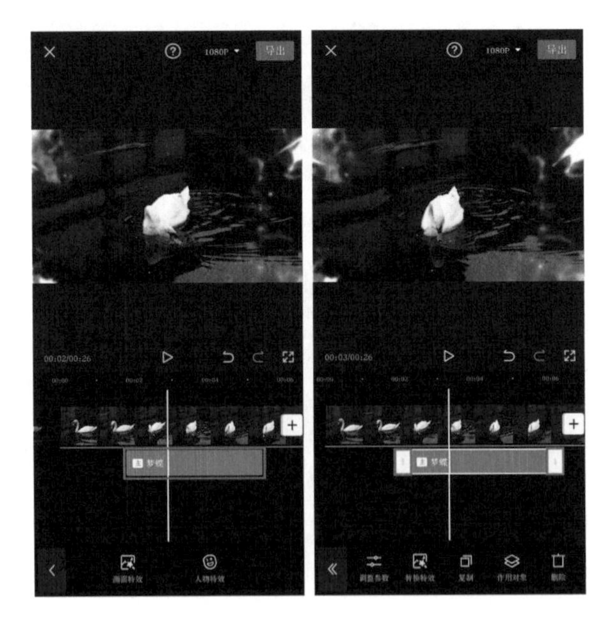

最后点击“<<”按钮，再点击“<”按钮，返回到剪辑界面。

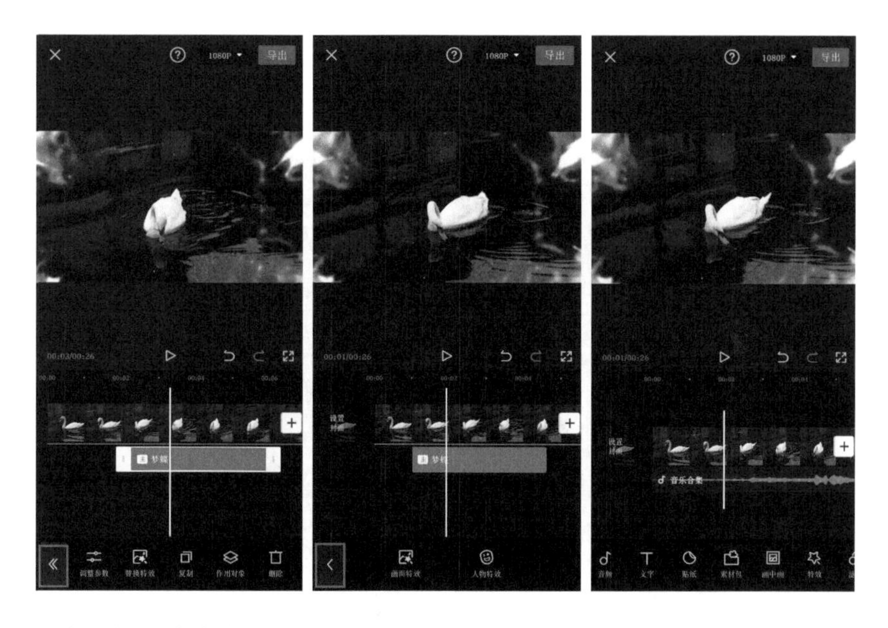

最终视频的特效效果如下图所示。

5.3.2　叠加特效

除了简单地添加特效之外，如果你想制作出更加有创意的短视频，还可以叠加特效。仍然以“天鹅”短视频为例，演示叠加不同特效的方法。

首先，将视频素材导入剪辑项目中。在未选中素材的状态下，将时间轴竖线定位至需要添加特效的位置，点击底部工具栏中的“特效”按钮，进入特效选项栏，然后点击其中的“画面特效”按钮。

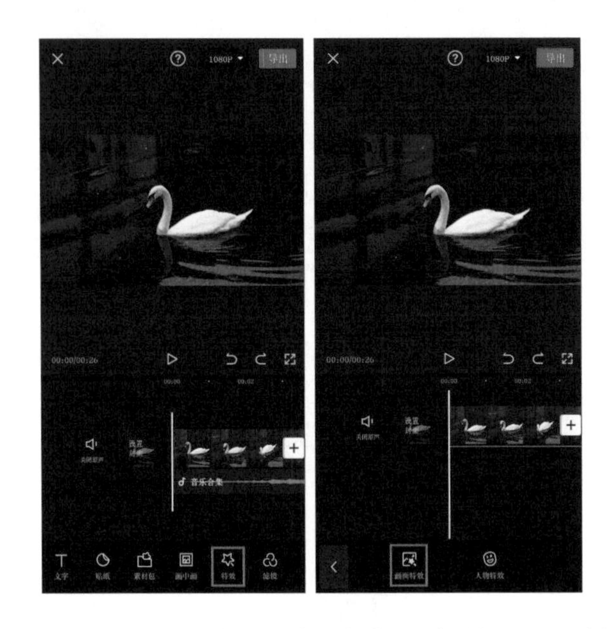

选择“氛围”类别中的“烟雾”特效，点击“√”按钮，此时剪辑轨道区会出现一个特效轨道。

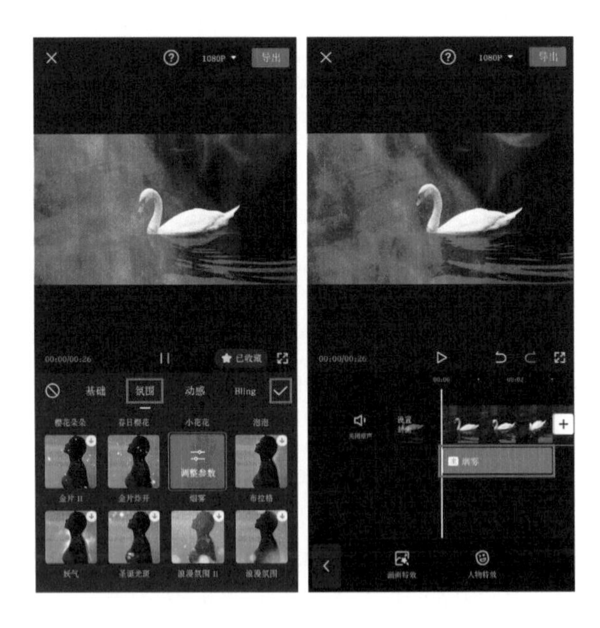

再次点击“画面特效”按钮，选择“基础”类别中的“鱼眼”特效，点击“√”

按钮，此时剪辑轨道区会出现第二个特效轨道。

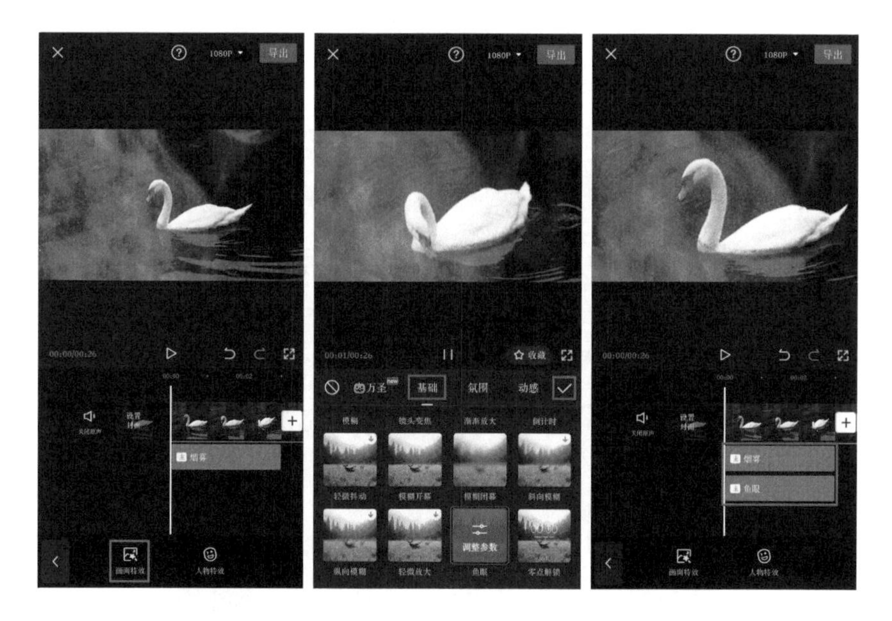

最终视频的特效效果如下图所示。

除了可以叠加两个不同的特效，还可以叠加同一个特效，从而增强该特效的效果。以下面这段“家居展示”短视频为例，演示叠加相同特效的方法。

首先，将视频素材导入剪辑项目中。在未选中素材的状态下，将时间轴竖线定位至视频的起始位置，点击底部工具栏中的“特效”按钮，进入特效选项栏，然后点击其中的“画面特效”按钮。

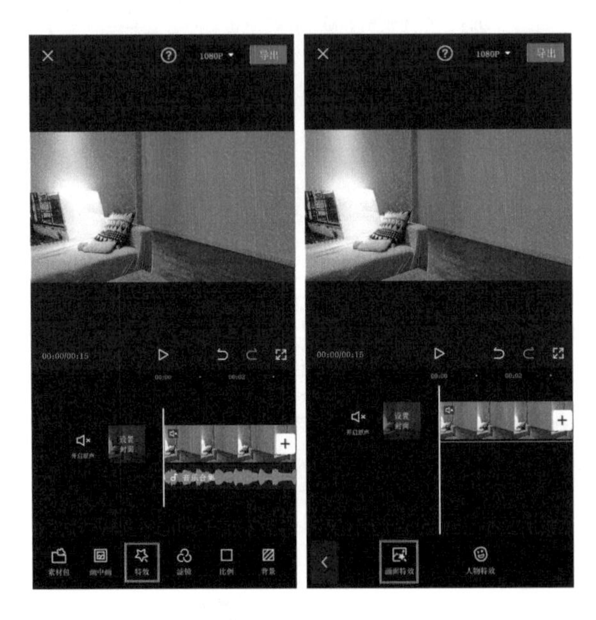

选择“光影”类别中的“星星投影”特效，点击“√”按钮，此时剪辑轨道区会出现一个特效轨道。

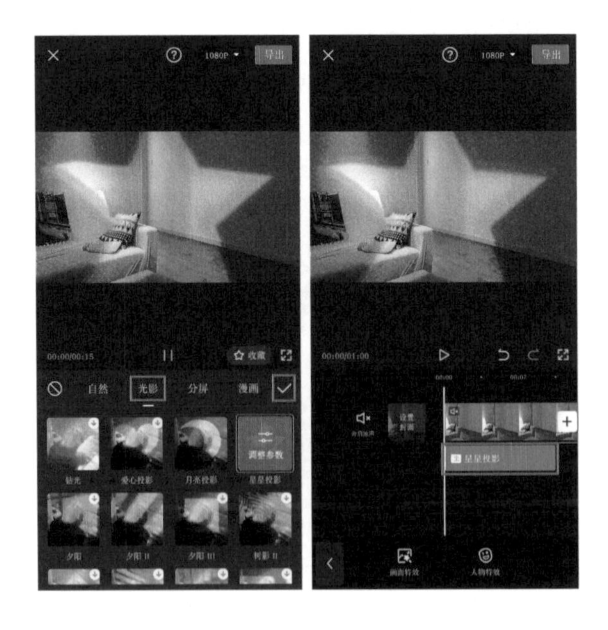

但添加一个“星星投影”特效的效果没有那么明显，画面还是偏暗，这时可以再次点击“画面特效”按钮，选择“光影”类别中的“星星投影”特效，点击“√”按钮，此时剪辑轨道区会出现第二个特效轨道，这样特效的效果就被增强了。

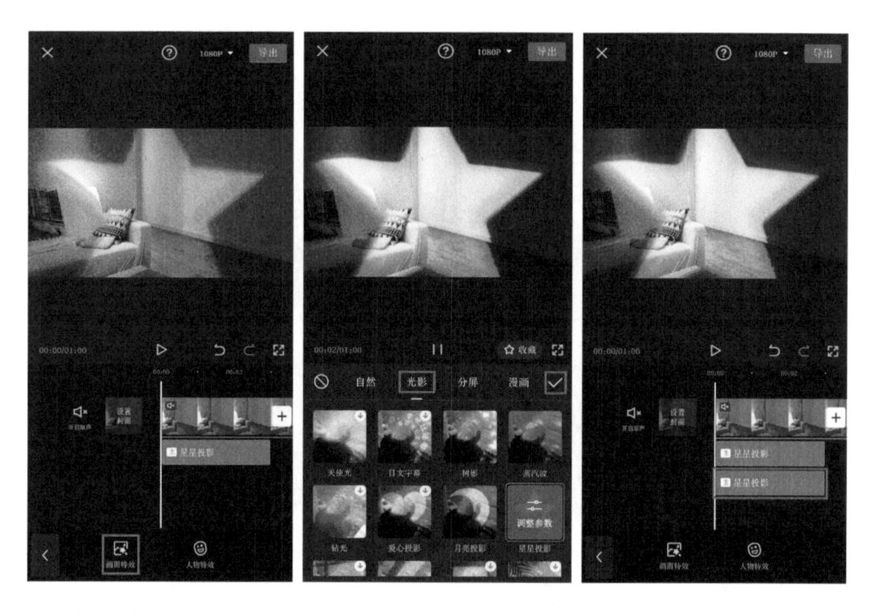

在剪辑轨道区选中第一个特效素材，按住特效素材最右端的白色图标向右拖曳，使之与视频素材的最右端对齐。同样，第二个特效素材也要与视频素材的最右端对齐。这样，“星星投影”特效就会被应用在整个视频素材上。

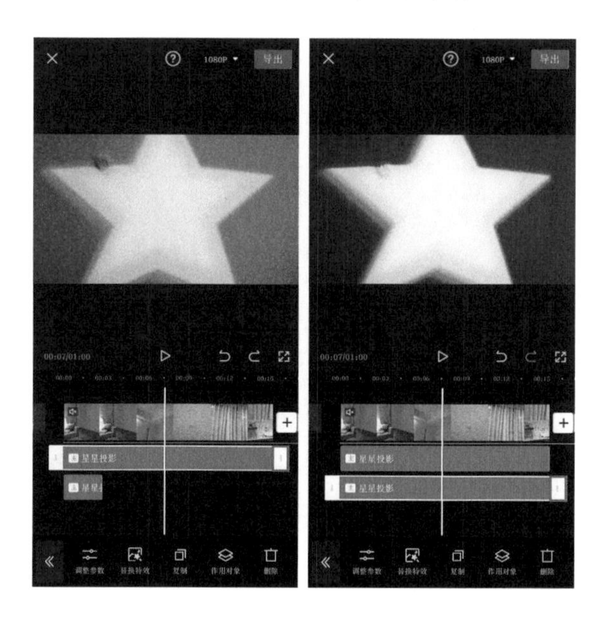

最终视频的特效效果如下图所示。

5.3.3 应用特效

在添加特效时，一定要根据视频的具体内容来选择合适的特效。例如，下面这段美食视频，如果添加一个“流星雨”特效，这个特效和视频内容无关，就会显得格格不入；但是如果添加一个“变清晰”特效，氛围就非常契合。

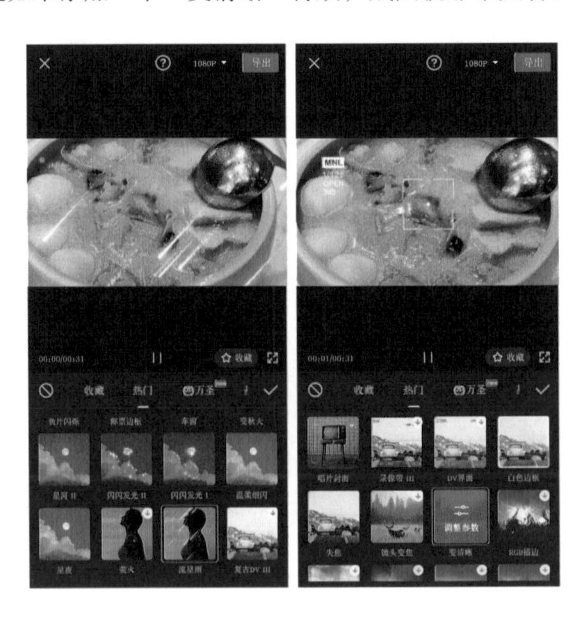

为视频添加特效能够提升视频的美观度和趣味性，比如电影开场和闭幕的特效、综艺节目中的大头特效等。

下面以一段电影风格的短视频为例，演示添加电影开场和闭幕的特效的过程。

首先，将视频素材导入剪辑项目中，在未选中素材的状态下，将时间轴竖线定位至视频起始的位置，点击底部工具栏中的“特效”按钮，进入特效选项栏，然后点击其中的“画面特效”按钮。

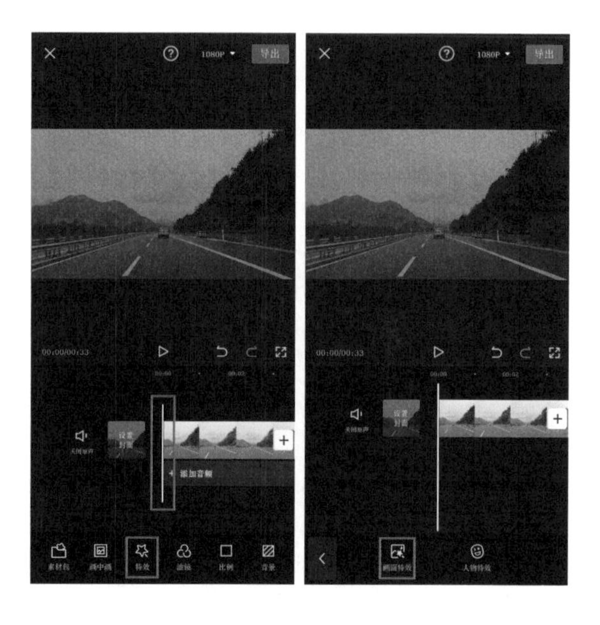

选择“基础”类别中的“开幕”特效，点击“√”按钮，此时剪辑轨道区会出现一个特效轨道。

在未选中素材的状态下，将时间轴竖线定位至接近视频结尾的位置，点击“画面特效”按钮，选择“基础”类别中的“渐隐闭幕”特效，点击“√”按钮，此时剪辑轨道区会出现另一个特效轨道。

将两根手指放在剪辑轨道区并向内拖曳，缩小剪辑轨道的显示范围，使其显示完整。可以看到，视频的开头和结尾均添加了具有电影质感的特效素材。

最终视频的特效效果如下页图所示。

注意：特效是为画面服务的，不要为了体现自己的技术而过度地添加特效，选择合适的特效即可。在添加电影开场的特效时，如果是横版视频，可以选择上下开屏效果；如果是竖版视频，则可以选择左右开屏效果。其他类型的视频在添加特效时也要举一反三，比如风光类的视频可以尝试添加一些基础类的特效或者自然类的特效；运动类的视频可以尝试添加一些动感类的特效或者分

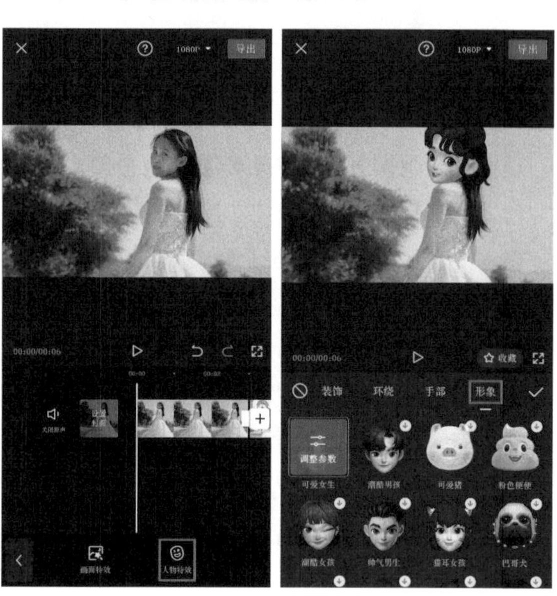

屏类的特效；人物类的视频可以尝试添加一些氛围类的特效或者电光类的特效，抑或是直接使用“人物特效”中的特效。例如，短视频中的人物如果不想出镜，可以使用“人物特效”中的卡通形象对头部进行遮挡。

另外，剪辑一些自拍类的短视频时，可以根据画面效果适当添加一些特效，如使用“人物特效”中的“蝴蝶翅膀”装饰对视频画面进行美化。

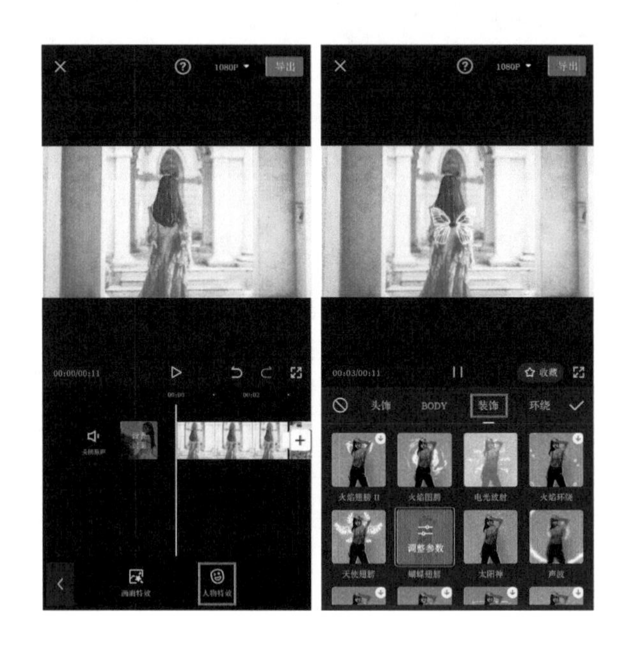

5.4 转场

在影视制作中，转场主要是指两个叙述段落或者场景之间的转换。转场分为无技巧转场和技巧转场。无技巧转场是用镜头的自然过渡来连接前后两段视频内容，使视觉上呈现出一定的连续性。技巧转场则是在后期剪辑中为视频增加一些特殊效果作为转场，常见的有叠化、闪白、缩放等。本节主要演示技巧转场的添加方法。

在剪映中添加剪辑项目之后，在剪辑轨道区可以看到两段素材连接的地方有一个白色图标，白色图标的中间部分有一条黑色的竖线，点击白色图标即可进入转场添加界面。剪映内置了非常多的热门转场，并且根据不同的主题进行了分类，比如基础转场、运镜专场、特效转场、MG转场、幻灯片、遮罩转场等。使用不同的转场能给观众带来不同的视觉感受。

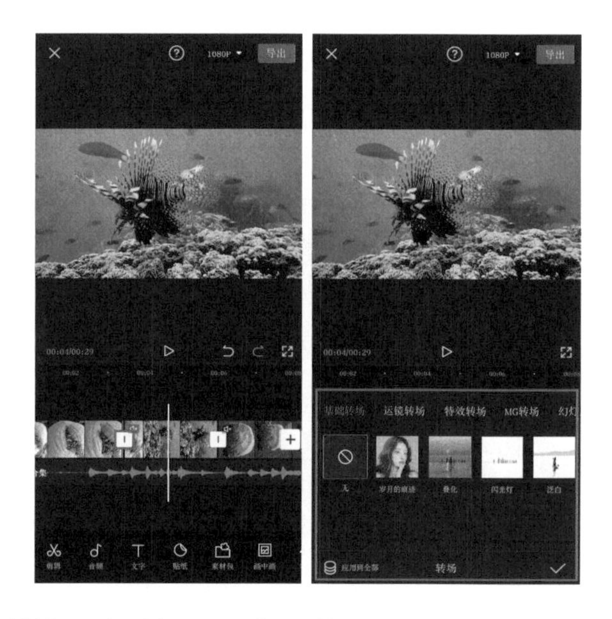

选择“基础转场”类别中的“叠化”转场，在视频预览区可以预览转场的效果。然后调整转场时长，转场时长并没有固定的数值，一般是根据音乐的节奏来确定，完成后点击“√”按钮。在剪辑轨道区，可以看到两段视频素材连接处的白色图标中间的黑色竖线变成了两个三角符号。

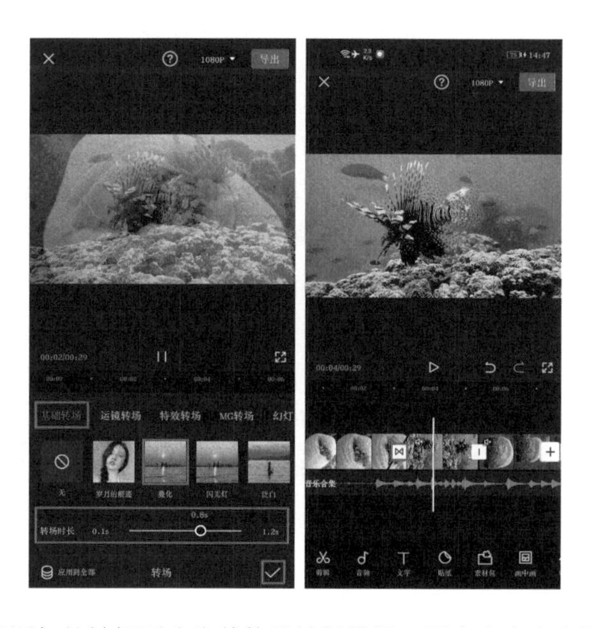

如果想要将添加的转场更改为其他的转场效果，再次点击白色图标，重新选择一个你喜欢的特效即可。

如果想要取消当前的转场效果，可以选择“无”转场。如果想要将这个转场运用到所有视频的连接处，可以点击左下角的“应用到全部”按钮，完成后点击右下角的“√”按钮，返回到剪辑界面中。

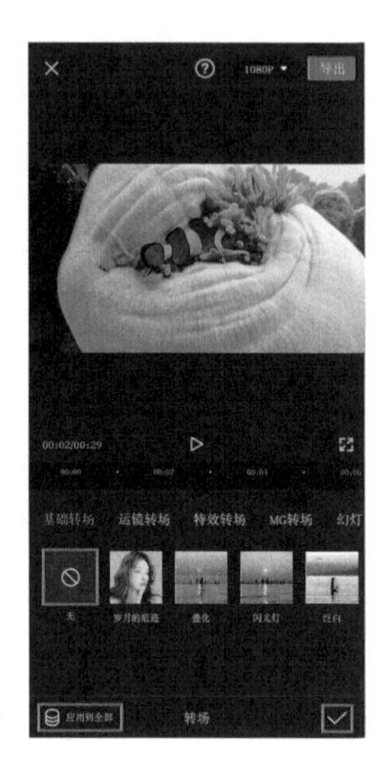

添加某些转场后，前后两段视频会出现部分片段重叠的情况，转场前后的两段素材的时长都会缩短一些，从而导致视频的总时长变短。如果是制作卡点视频，还会让提前设置好的节奏点发生变化。因此，在选择转场的时候一定要注意，不能让转场打乱视频的卡点节奏。

例如，右面这段视频的总时长是20秒，点击任意两段视频素材连接处的白色图标，选择“特效转场”类别中的“幻灯片”转场，调整转场时长后，点击“√”按钮。在剪辑轨道区中，可以看到两段视频素材的连接处从竖线变成了斜线，这说明添加转场之后视频的时长发生了改变。通过视频轨道右侧的位置可以发现，视频的总时长变成了19秒，同时节奏点也发生了变化。

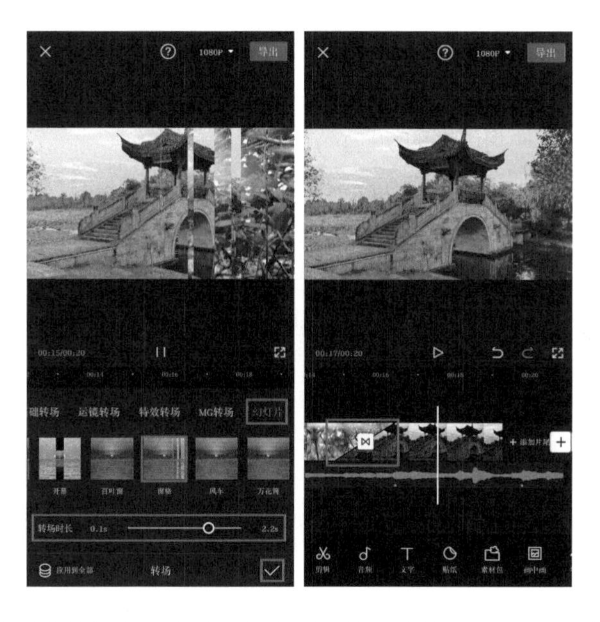

当然，并非所有的转场都会改变视频的时长。例如下面这段视频的总时长是30秒，点击任意两段视频素材连接处的白色图标，选择“MG转场”类别中的“水波卷动”转场，调整转场时长后，点击“√”按钮。在剪辑轨道区中，可以看到两段视频素材连接处的竖线并未变成斜线，这说明添加转场之后视频的时长没有发生改变，视频的总时长依然是30秒，同时节奏点也没有发生变化。

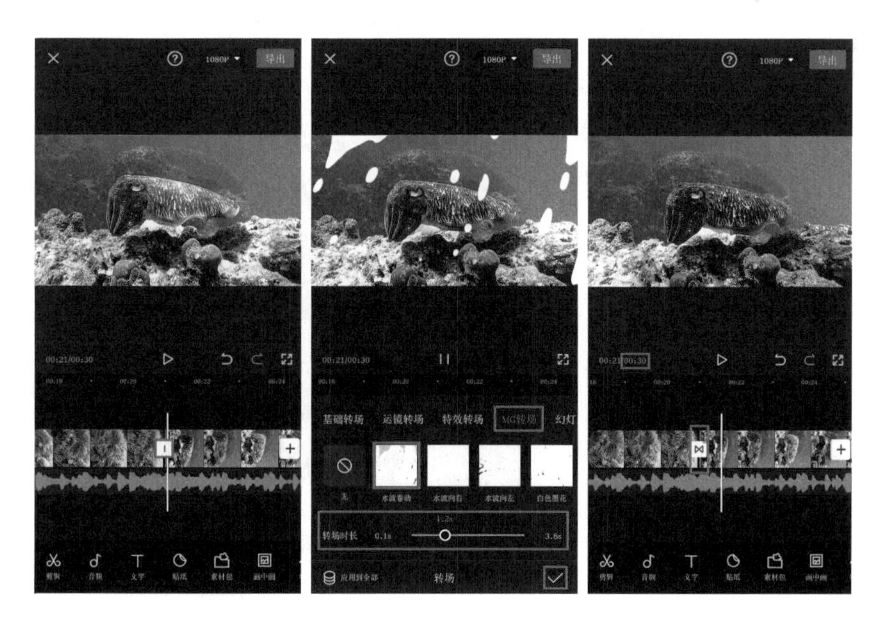

具体哪个转场会改变视频时长，哪个转场不会改变视频时长，大家可以自行尝试。这也是一个熟悉剪映的过程，对剪映的工具越熟悉，越能更好地实现自己的创意，所以要多去尝试使用不同的功能。

一个完整的短视频是由多段视频素材拼接在一起的，但是只经过简单连接的视频往往会缺少衔接感和视觉冲击力。因此，在剪辑视频的时候就要给视频添加转场，让场景之间的过渡更加顺滑和震撼。但是转场也不是越多越好，选择合适的转场，适当地添加就可以，而且添加的转场不能影响视频本身的叙事内容。

5.5 动画

剪映的动画功能能够让画面产生平移、旋转、缩放，甚至是在三维空间运动的效果。在剪映中，可以添加动画的素材有视频、文字和贴纸，不同的素材制作出来的动画效果也不同。本节讲解的就是动画的应用。

5.5.1 给视频素材添加动画效果

在剪辑轨道区选中视频素材，点击底部工具栏中的“动画”按钮，进入动画选项栏。

可以看到有“入场动画”“出场动画”“组合动画”这3个选项。顾名思义，入场动画就是添加在视频起始的位置，出场动画就是添加在视频结尾的位置，组合动画则是组合了入场动画和出场动画的效果。其中，组合动画的效果最为丰富，也最为方便。组合动画可以分为两类：一类是平面动画，这类动画都是在一个平面内进行平移或旋转；另一类是3D动画，这类动画可以为视频添加三维的动画效果。

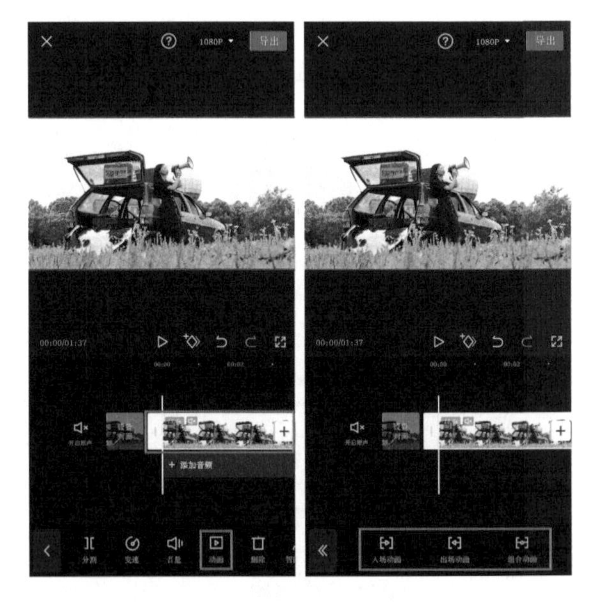

下面以添加入场动画为例，介绍给视频素材添加动画的方法。

点击“入场动画”按钮，可以看到剪映内置了非常多的动画效果，包括渐显、轻微放大、放大、缩小、滑动、旋转、向上转入、雨刷、钟摆、甩入、抖动等。

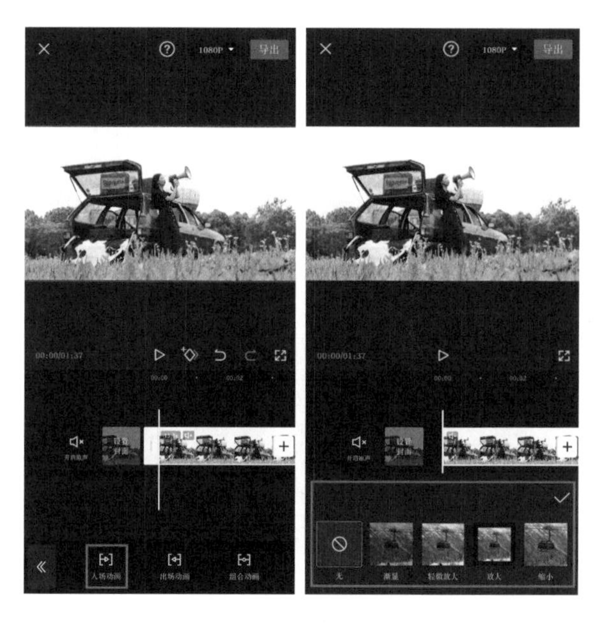

选择“动感放大”动画，调整动画时长，点击“√”按钮，在剪辑轨道区可以看到添加动画的区域有颜色的改变，在视频预览区可以预览动画效果。

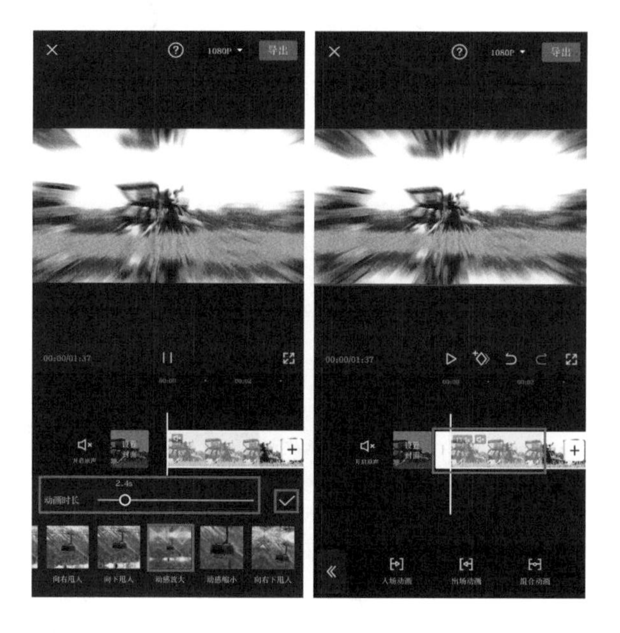

最终视频的动画效果如下页图所示。

在视频结尾处添加出场动画的方式和添加入场动画的方式相同，所以这里就不再赘述了。

组合动画会默认作用到整个素材片段，当然，你也可以通过调整动画时长来修改动画作用的时间长度。一般来说，会在视频开头添加入场动画，在视频结尾添加出场动画，在两段视频素材的衔接处添加组合动画或者是转场效果，但是也可以灵活运用。

5.5.2 给文字素材添加动画效果

在剪映中添加剪辑项目之后，在未选中素材的状态下，点击底部工具栏中的“文字”按钮，进入文字添加界面，在剪辑轨道区可以看到所有已添加的文字素材。

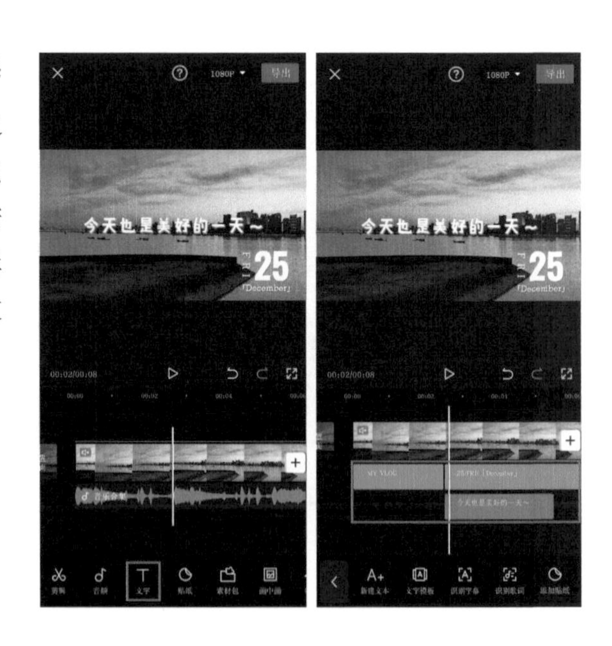

点击文本工具栏中的“动画”按钮，即可进入文字动画添加界面。文字动画也可以分为3类，分别是“入场动画”“出场动画”“循环动画”。

点击相应的动画，即可为文字添加动画效果，并且可以修改文字动画的时长。值得注意的是，循环动画是针对整个文字素材的动画效果，不能和入场动画以及出场动画叠加使用，而且循环动画调节的是动画的快慢，而不是动画的时长。例如，这里选择“循环动画”类别中的“弹幕滚动”动画，将动画速度调整到最慢，点击“√”按钮。可以看到，剪辑轨道区的文字素材上增加了一条动画轨迹。

最终文字的动画效果如下页图所示。

5.5.3 给贴纸素材添加动画效果

在剪映中添加剪辑项目之后，如果你已经给视频添加了贴纸，在未选中素材的状态下，点击底部工具栏中的“贴纸”按钮，进入贴纸添加界面，在剪辑轨道区可以看到所有已添加的贴纸素材，比如下面这段视频中就添加了两个贴纸素材。

在剪辑轨道区选择第一个贴纸素材，点击底部工具栏中的“动画”按钮，进入动画选项栏，选择“入场动画”类别中的“缩小”动画，调整动画的时长之后，点

击“√”按钮。

在剪辑轨道区选择第二个贴纸素材，点击底部工具栏中的“动画”按钮，进入动画选项栏，选择“循环动画”类别中的“摇摆”动画，调整动画的快慢之后，点击“√”按钮。

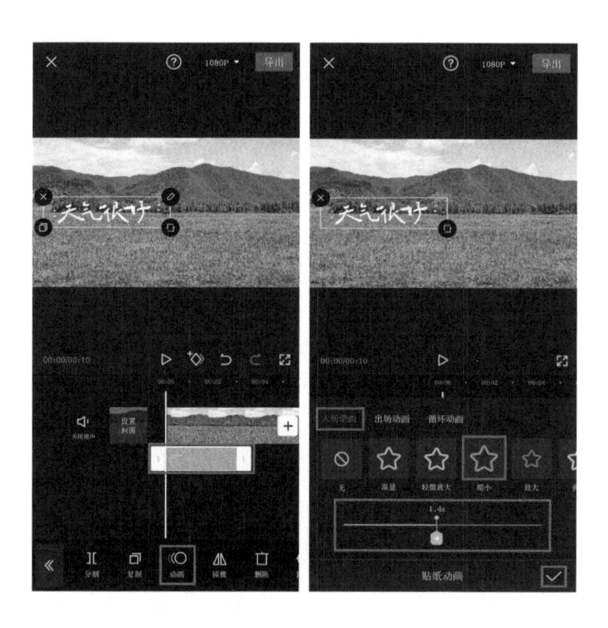

这样，就完成了贴纸动画效果的添加。

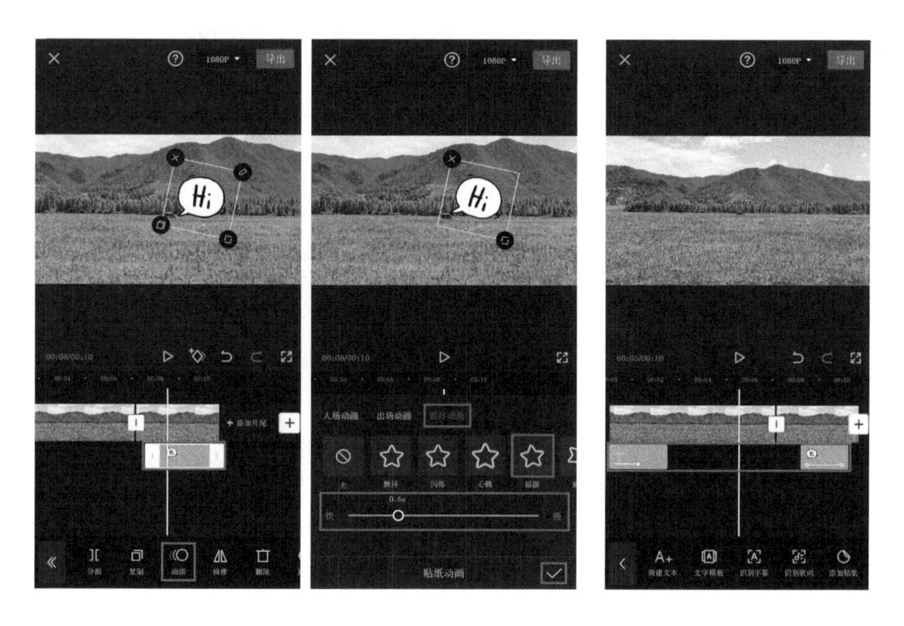

最终贴纸的动画效果如下图所示。

以上就是关于动画的应用方法。在实际剪辑中，一定要适量添加动画效果，并且添加后要对动画的时长或快慢进行调整，以使动画效果和视频内容能够更好地结合。精美短视频和普通短视频之间的差距就是在这些细微的地方，因此，每完成一个步骤就预览一下视频的效果，不要怕麻烦，这样才能及时发现那些不完美的地方并加以修改。若是在视频快制作完成的时候才发现某个步骤出现了瑕疵，再想去调整可能就要撤销很多个步骤重新来过了。因此，多预览视频效果能够帮助避免不必要的时间损失。

5.6 素材包

剪映内置了非常丰富的视频素材，通过灵活运用这些视频素材，可以打造出令人眼前一亮的画面效果。下面以一段短视频为例，演示素材包的添加方法。

在剪映中添加剪辑项目之后，在未选中素材的状态下，将时间轴竖线定位至视频的起始位置。点击底部工具栏中的“素材包”按钮，进入素材包添加界面。剪映中的视频素材都根据不同的主题进行了分类，比如“片头”“片尾”“VLOG”“旅行”“运动”等。

选择“VLOG”类别中的“时间|一天开始”素材包，点击“√”按钮。可以看到剪辑轨道区增加了一条素材包轨道，这段素材包含声音和动画花字。

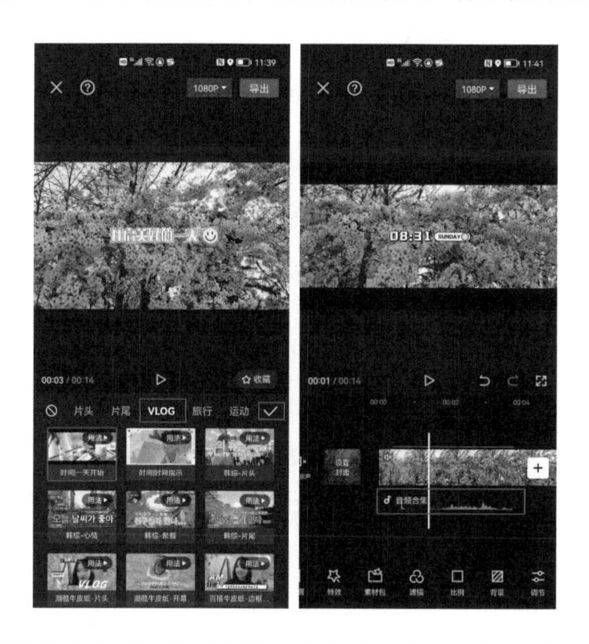

在未选中素材的状态下，将时间轴竖线定位至接近视频尾端的位置。点击底部工具栏中的“素材包”按钮，进入素材包添加界面。选择“旅行”类别中的“文艺旅行片尾”素材包，点击“√”按钮。可以看到，剪辑轨道区又增加了一条片尾的素材

包轨道，但是这个素材已经超出了视频的长度，因此需要对它进行一些调整。

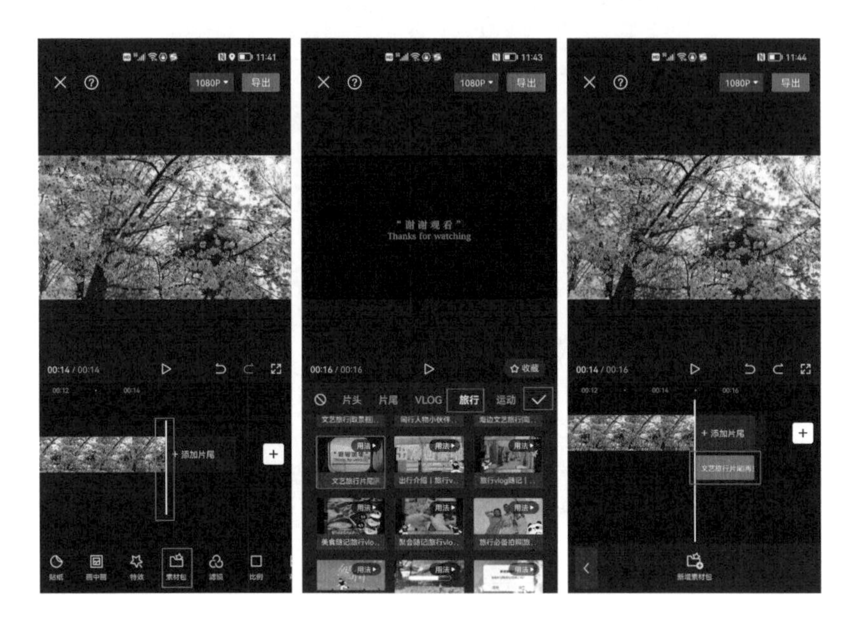

在剪辑轨道区选中该素材包素材，长按素材包素材并向左移动，使其尾部与视频结尾处对齐。这样，视频结尾的素材包就添加好了。

最后点击“<<”按钮，再点击“<”按钮，返回到剪辑界面中。

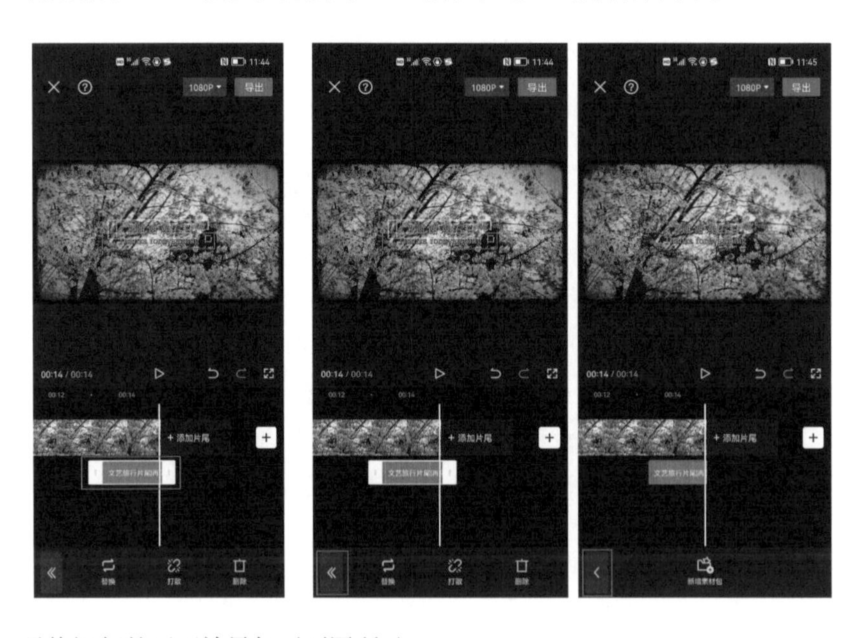

最终视频的画面效果如下页图所示。

5.7 画中画

剪映的画中画是一个非常强大的功能，巧用画中画功能，可以制作出各种创意类的短视频。那么画中画的显示原理是什么呢？简单来说，就是后导入的素材会被置于之前导入的素材的上方，上方的画面会覆盖下方的画面。本节以几种常见的热门短视频为例，演示画中画的使用方法。

- 模拟通话短视频

你可能在抖音上看到过通话短视频，其实这类短视频是可以通过剪映制作出来的，并非一定是在真实的生活场景中拨打视频电话时的录屏效果。也就是说，如果你

想让视频中的自己看起来更加漂亮，或者想要和某个自己喜欢的明星假装视频通话，都可以使用剪映中的画中画功能来实现。模拟通话短视频的制作方法比较简单，只要提前录制两段不同的人物视频，然后使用画中画功能将两段视频素材导入剪辑项目中，再对视频素材做些缩放、裁剪、移动等调整即可。下面就来演示模拟通话短视频的剪辑过程。

打开剪映，点击“开始创作”按钮，导入一段视频素材。

点击底部工具栏中的“画中画”按钮，再点击“新增画中画”按钮，进入素材添加界面，导入一段提前拍好的人物视频。

此时在剪辑轨道区中可以看到，后导入的这段视频素材在之前导入的视频素材下方。

选中后导入的视频素材，把它的时长调整为和之前导入的视频的时长相同。然后点击底部工具栏中的“编辑”按钮，进入编辑选项栏，点击“裁剪”按钮，进入裁剪界面，选择“3：4”选项，然后将视频裁剪到合适的大小，完成后点击“√”按钮。

点击“<<< “按钮，返回到上一级工具栏中。将两根手指放在视频预览区，把视频素材缩放到合适的大小，然后把它移动到画面的右上角。

由于导入的第一段视频素材的原声是吉他弹唱，所以无须添加音乐。这样，模拟视频通话的短视频就制作完成了。

最终视频的画面效果如下图所示。

- 清新片头

很多短视频都有一个非常精致的片头，好的片头会比平淡开场更加吸引人，增强观众的观看欲望。下面演示用画中画功能制作清新片头的效果。

打开剪映，点击“开始创作”按钮，进入素材库，选择“黑白场”选项，可以看到“黑白场”类别中包含了“白场”“黑场”“透明”3种素材。这3种视频素材在视频剪辑过程中比较实用，当你需要在剪辑项目中添加一些黑白底色时，可以在素材库中快速找到这类素材并进行应用。

选择黑白场中的“透明”素材，点击界面右下角的“添加”按钮，将其添加至剪辑项目中。添加的透明素材默认的时长是3秒，如果想要增加显示的时长，可以在剪辑轨道区选中透明素材，按住透明素材最右端的白色图标向右拖曳，把透明素材拉长到5秒。

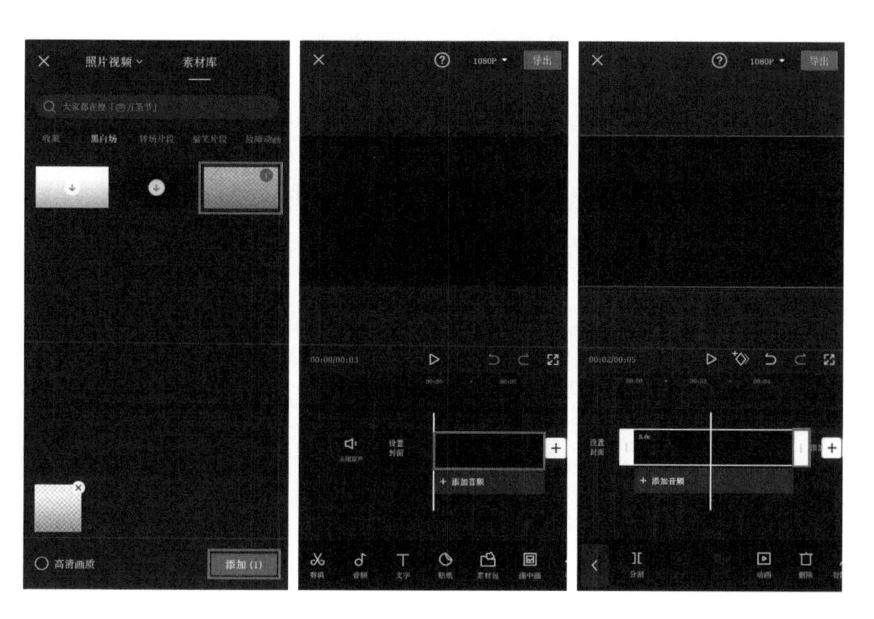

接下来为透明素材添加一个清新的背景。在未选中素材的状态下，点击底部工具栏中的“背景”按钮，进入背景选项栏，点击其中的“画布样式”按钮，进入画布选项栏，选择一个喜欢的背景样式，完成后点击“√”按钮。

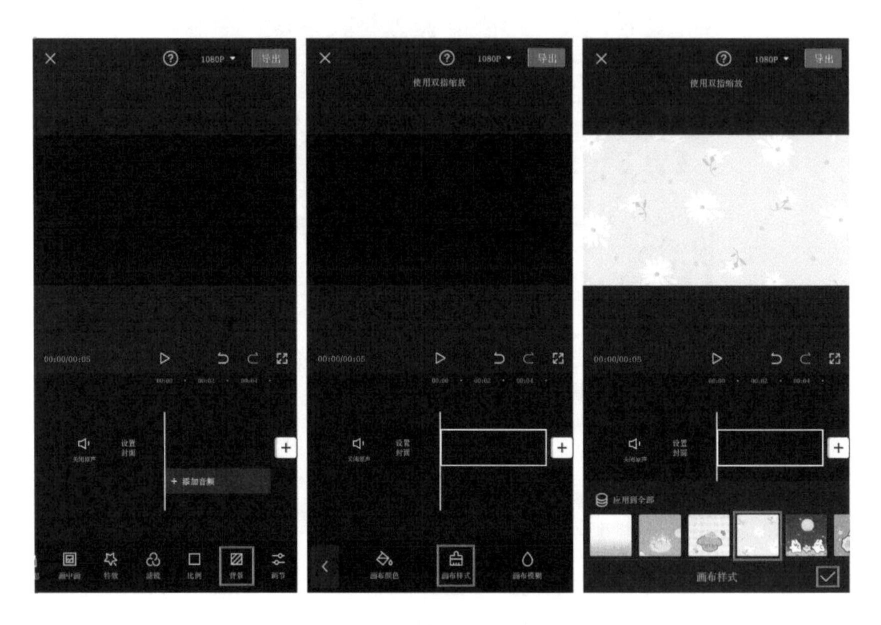

添加背景之后，点击“<”按钮，返回到上一级工具栏中。

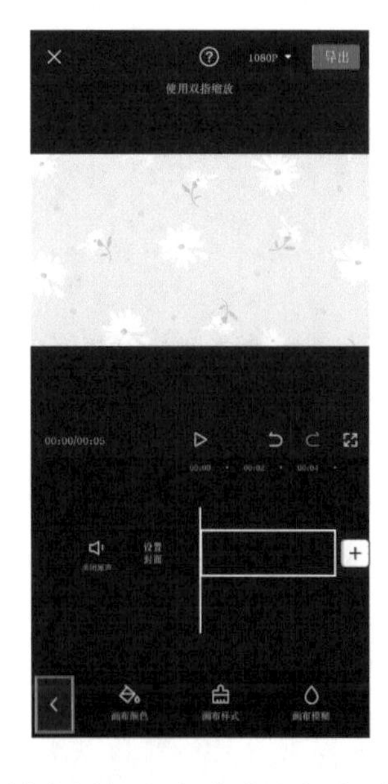

接下来要做的就是在背景中添加文字内容和视频内容，让视频变得完整。在未

选中素材的状态下，点击底部工具栏，点击“添加”按钮中的“画中画”按钮，再点击“新增画中画”按钮，进入素材添加界面，选择一段蒲公英的视频。

此时剪辑轨道区会增加一条视频轨道，将两根手指放在视频预览区的画面上，将视频进行缩小、移动和旋转，把它调整到合适的位置，然后点击“<<”按钮，返回到上一级工具栏中。

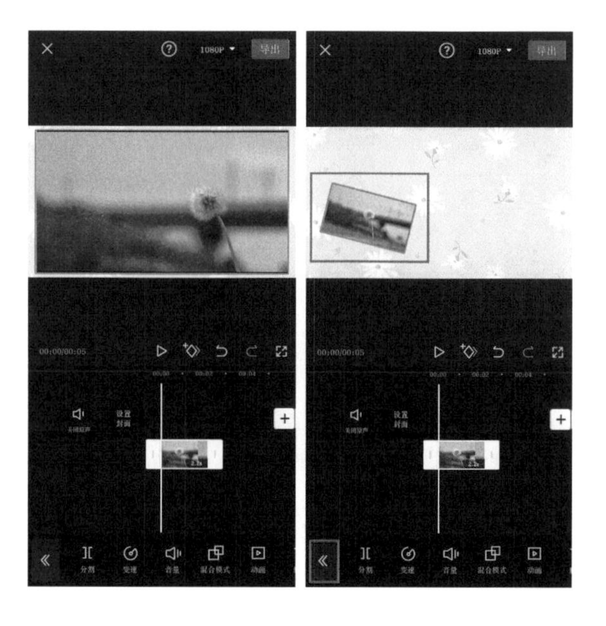

点击底部工具栏中的“新增画中画”按钮，进入素材添加界面，选择第二段视频素材，点击“添加”按钮。

此时剪辑轨道区会增加第二条视频轨道，将两根手指放在视频预览区的画面上，将视频进行缩小、移动和旋转，把它调整到合适的位置，然后点击“<<”按钮，返回到上一级工具栏中。

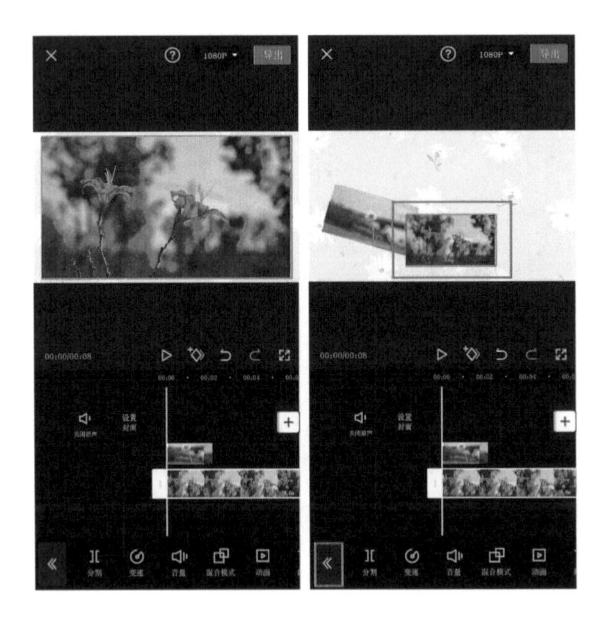

再次点击底部工具栏中的“新增画中画”按钮，进入素材添加界面，选择第三段视频素材，点击“添加”按钮。

此时剪辑轨道区会增加第三条视频轨道，用同样的方法把它调整到合适的位置。后导入的视频会遮挡住之前导入的视频，因此你可以根据自己的需要来选择导入视频的顺序。

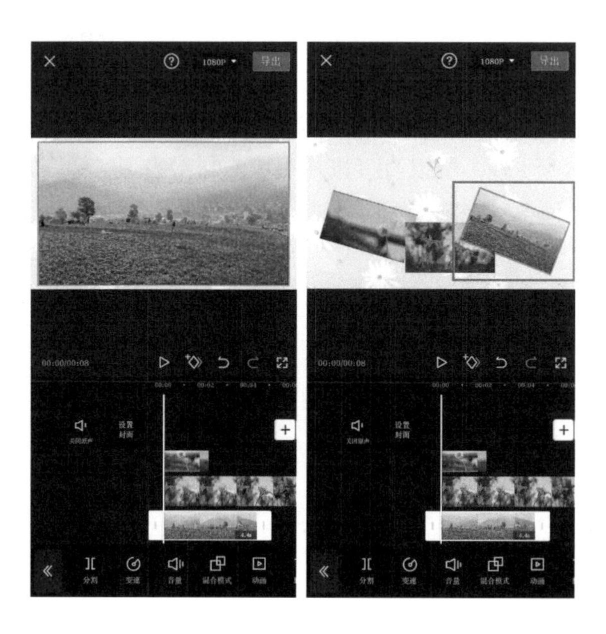

添加好视频素材后，发现这3段视频素材的时长各不相同，因此要把这3段视频素材的时长全部调整为5秒。

首先，在剪辑轨道区选中第一段视频素材，点击底部工具栏中的“变速”按钮，进入变速选项栏，点击其中的“常规变速”按钮，进入常规变速界面，慢慢降低视频的播放速度，直到视频时长变为5秒为止，完成后点击“√”按钮。

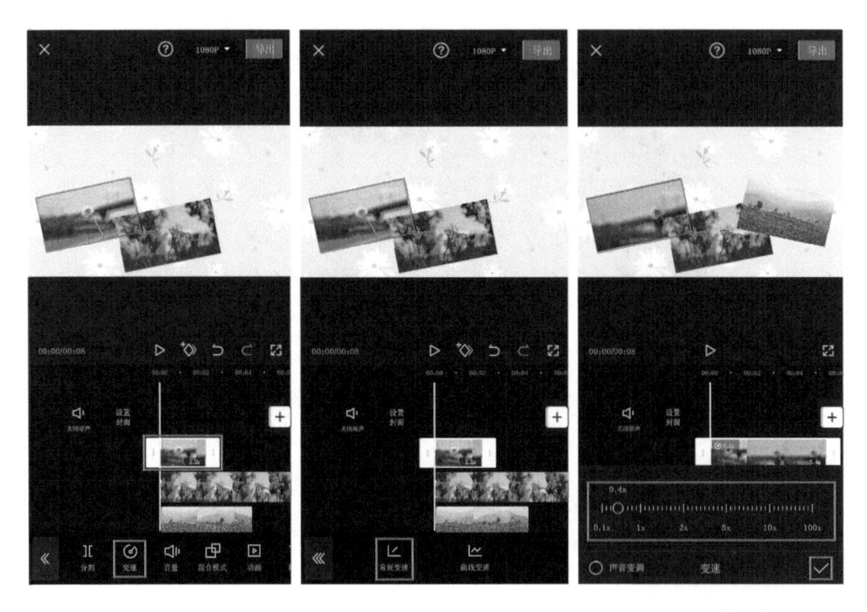

此时可以看到，剪辑轨道区中的第一段视频素材已经和背景素材的时长相同了。

接着在剪辑轨道区选中第二段视频素材，由于这段视频素材的时长大于5秒，所以直接按住视频素材最右端的白色图标向左拖曳，直到视频时长变为5秒为止。

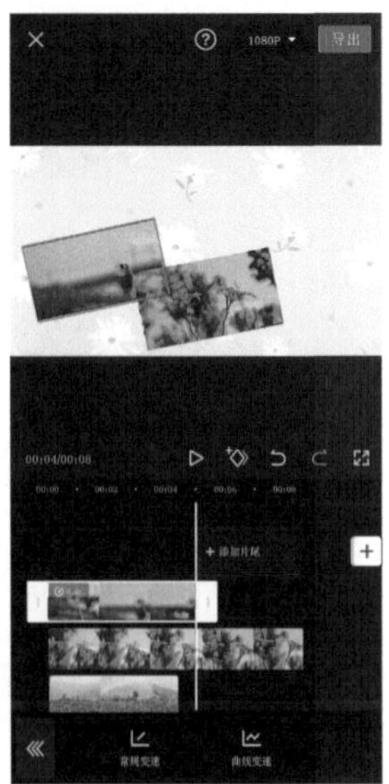

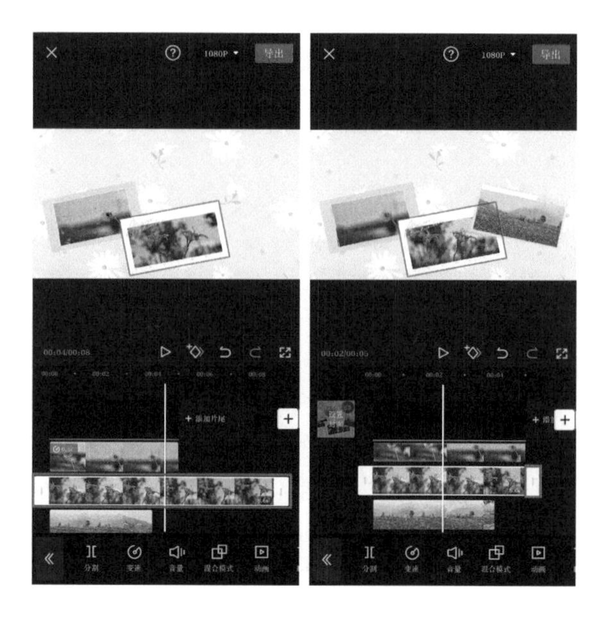

第三段视频素材要比背景素材的时长短一些，所以也要通过变速的方法来调整。在剪辑轨道区选中第三段视频素材，点击底部工具栏中的“常规变速”按钮，进入常规变速界面，慢慢降低视频的播放速度，直到视频时长变为5秒为止，完成后点击“√”按钮。

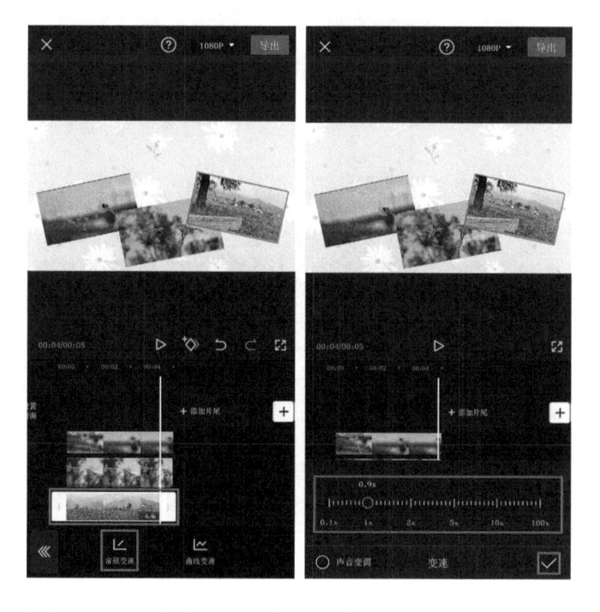

这样，视频素材的时长就调整完成了。依次点击“<<<”按钮、“<<”按钮和“<”按钮，返回到一级工具栏中。

接下来要做的是给这3段视频素材增加边框。点击底部工具栏中的“特效”按钮，进入特效选项栏，点击其中的“画面特效”按钮，进入特效添加界面，选择“边框”类别中的“淡彩边框”特效，完成后点击“√”按钮。

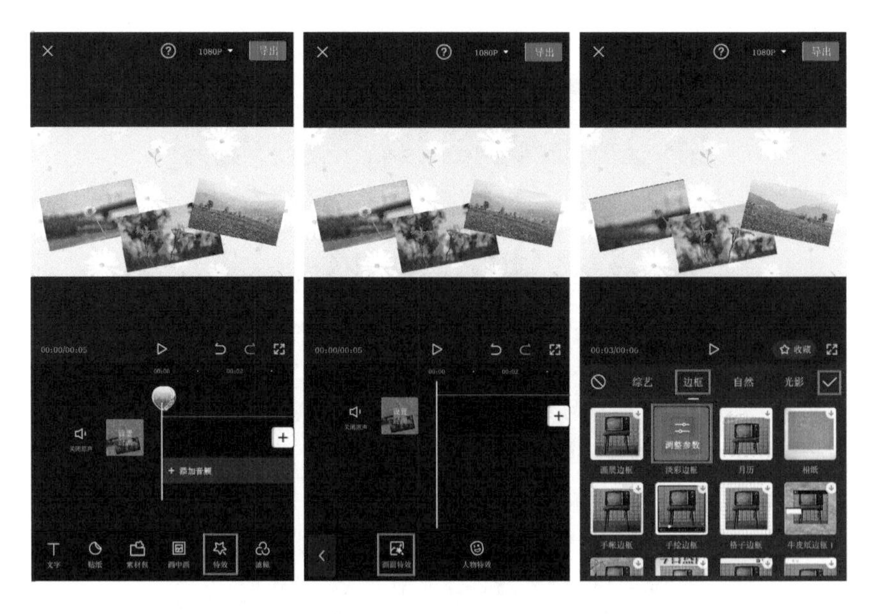

此时剪辑轨道区会增加一条特效轨道，选中特效素材，点击底部工具栏中的“作用对象”按钮，在弹出的界面中选择第一个“画中画”素材，完成后点击“√”按钮。

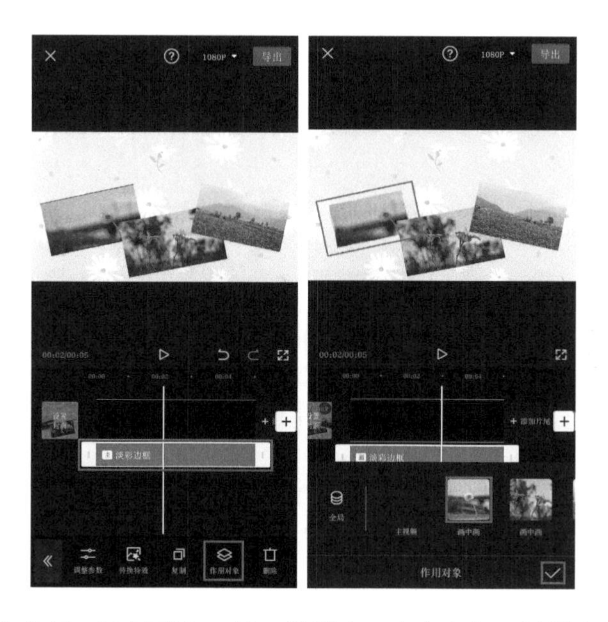

点击“<<”按钮，返回到上一级工具栏中。点击底部工具栏中的“画面特效”按钮，进入特效添加界面，选择“边框”类别中的“月历”特效，完成后点击“√”按钮。

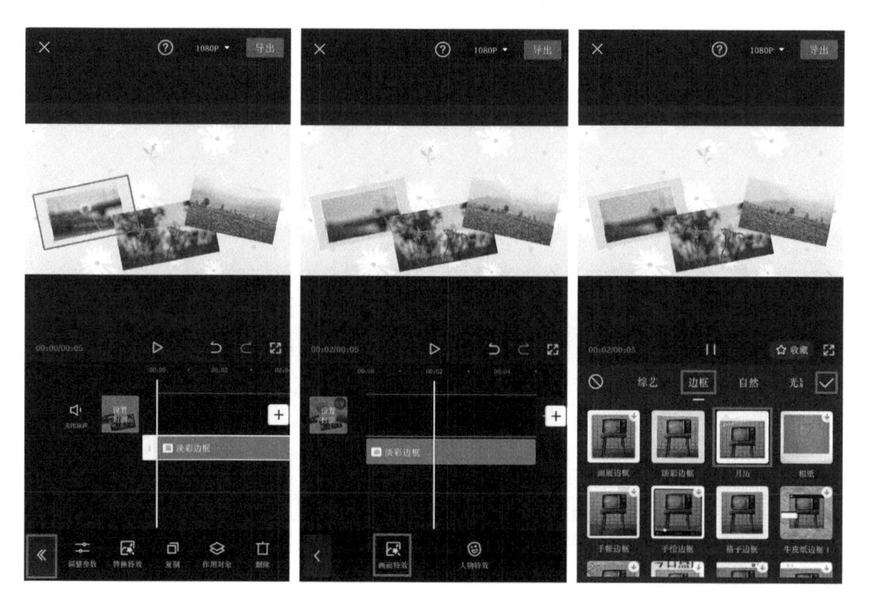

此时剪辑轨道区会增加第二条特效轨道，选中该特效素材，点击底部工具栏中的“作用对象”按钮，在弹出的界面中选择第二个“画中画”素材，完成后点击“√”按钮。

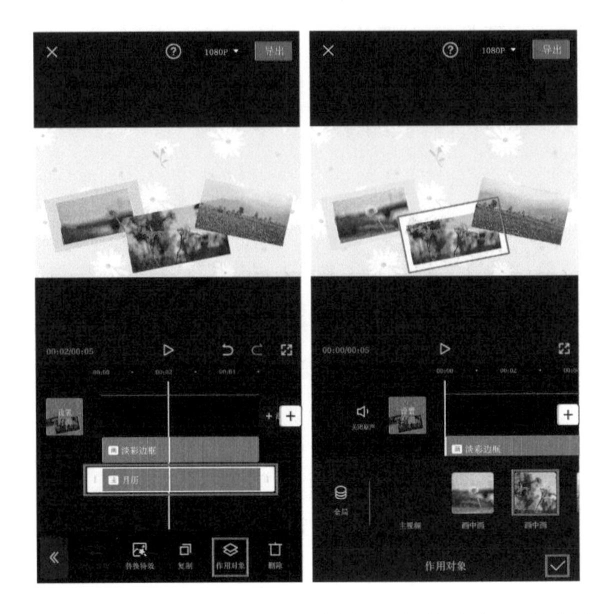

点击“<<”按钮，返回到上一级工具栏中。点击底部工具栏中的“画面特效”按钮，进入特效添加界面，选择“边框”类别中的“手账边框”特效，完成后点击“√”按钮。

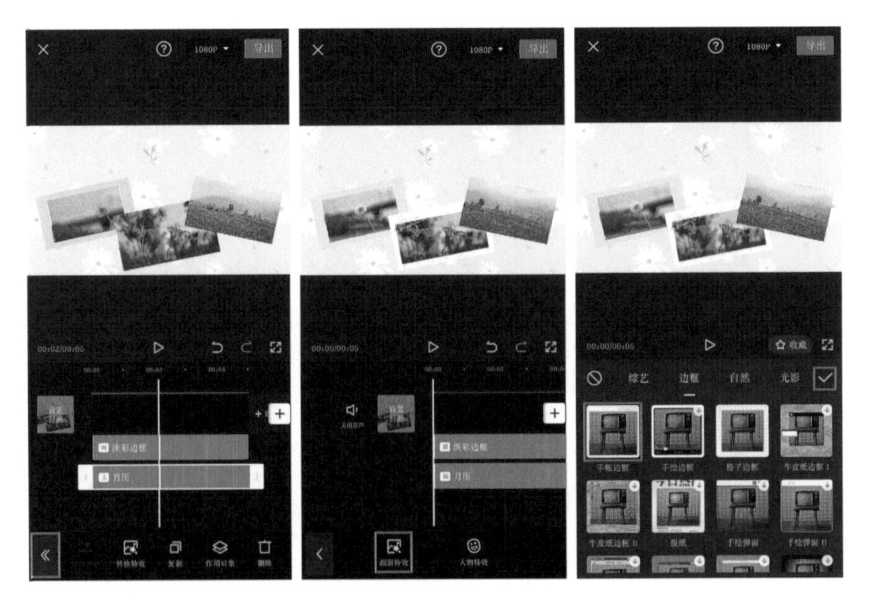

此时剪辑轨道区会增加第三条特效轨道，选中该特效素材，点击底部工具栏中的“作用对象”按钮，在弹出的界面中选择第三个“画中画”素材，完成后点击“√”按钮。这样，3个视频素材的边框就添加好了。

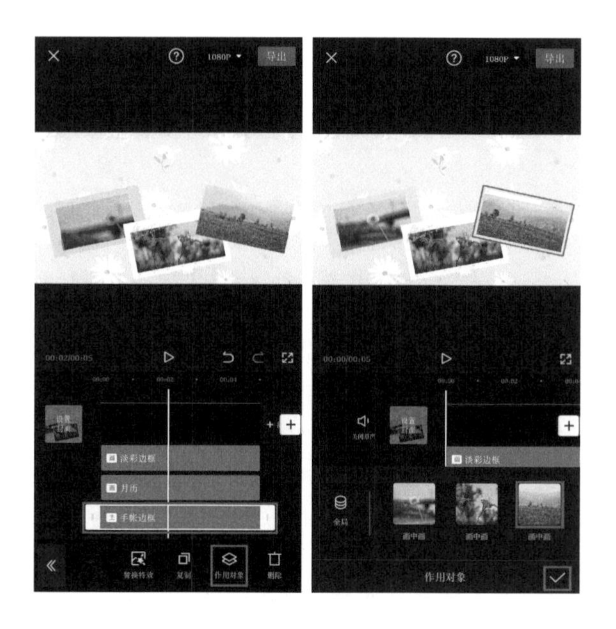

点击“<<”按钮，再点击“<”按钮，返回到一级工具栏中。

接下来要给视频添加合适的音乐，并调整音乐的时长。点击“关闭原声”按钮，将视频原声关闭。

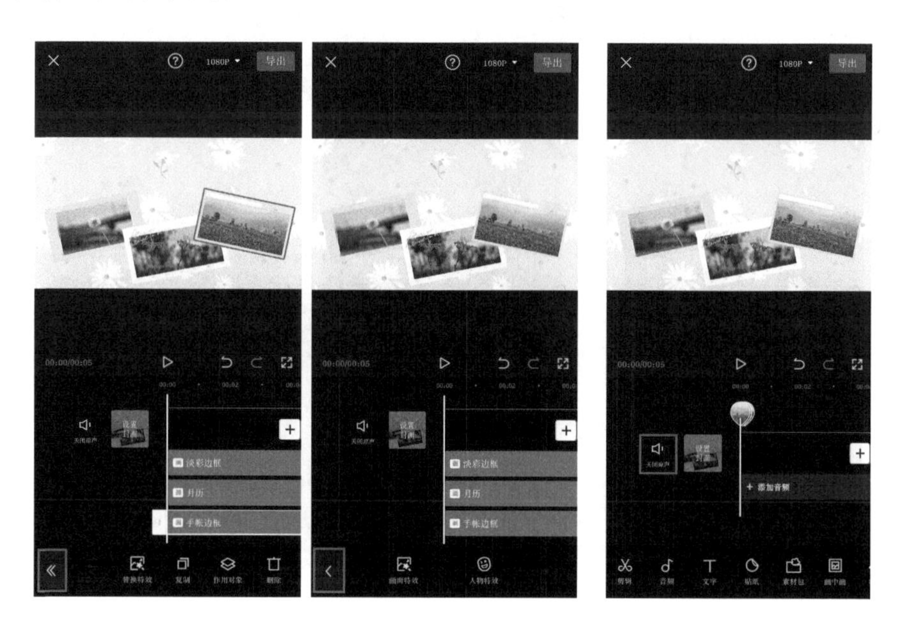

然后点击底部工具栏中的“音频”按钮，进入音频工具栏，点击“音乐”按钮，进入音乐添加界面。

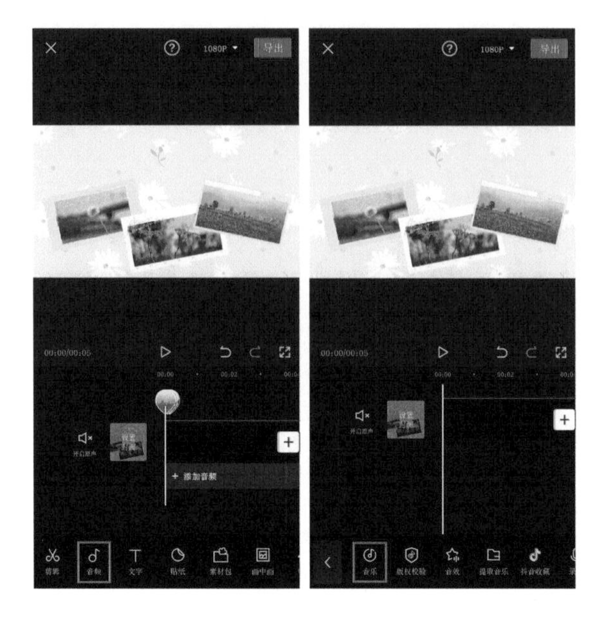

在“可爱”类别中选择一首适合作为片头曲的背景音乐，点击音乐素材右侧的“使用”按钮，将音乐导入剪辑项目中。

在剪辑轨道区选中音乐素材，按住音乐素材最右端的白色图标向左拖曳，直到音乐时长变为5秒为止。

点击底部工具栏中的“淡化”按钮，将淡入和淡出的时长均调整为1秒，完成后点击“√”按钮。这样，片头的背景音乐就添加好了。

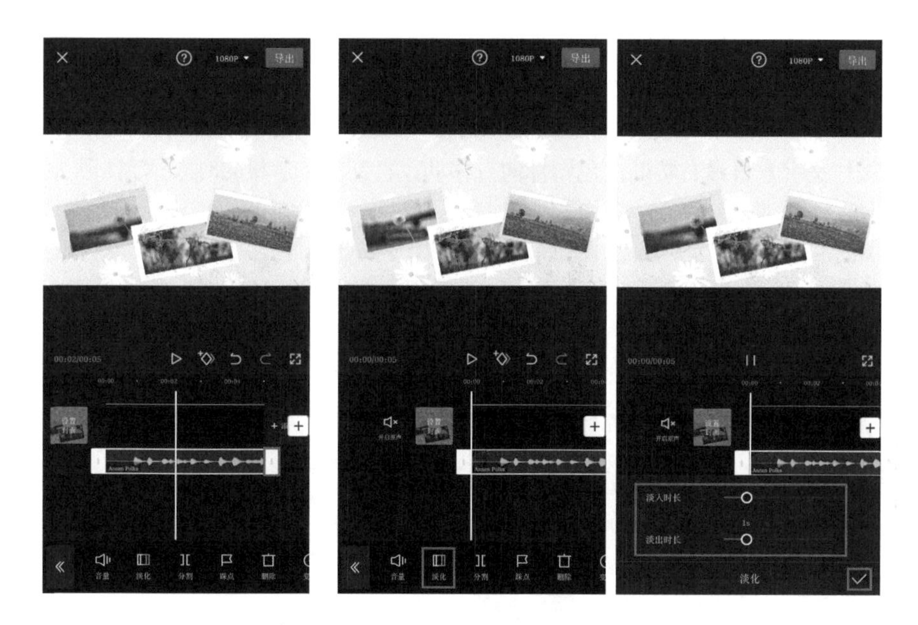

接下来还可以根据自己的喜好给视频添加一个标题字幕，当然，字幕也是以画中画的形式添加到视频中的。点击底部工具栏中的“文字”按钮，进入文本工具栏，点击其中的“文字模板”按钮，进入文字添加界面，选择“VLOG”类别中的“简简单单的日常”字幕。

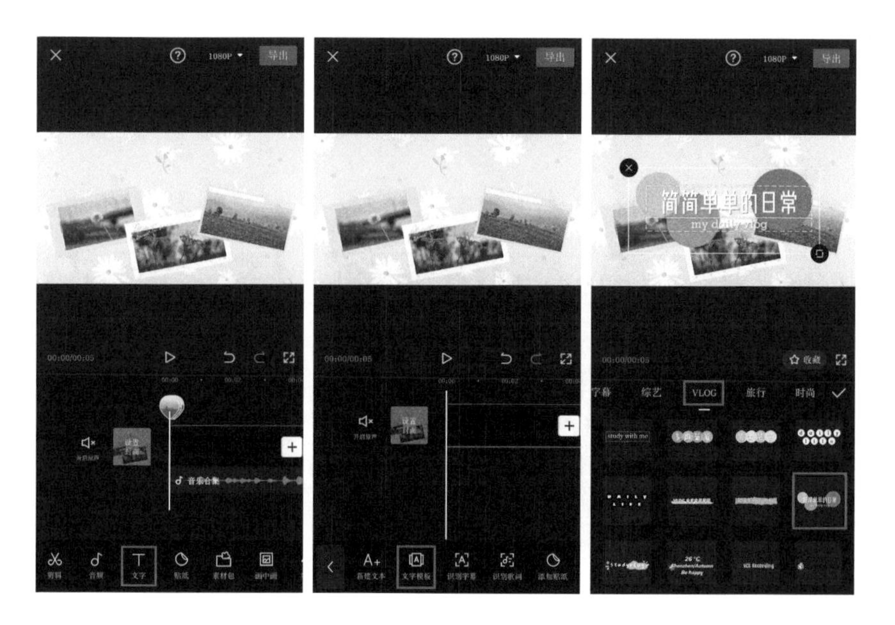

此时字幕遮挡了部分视频内容，使界面显得有些杂乱，因此要适当地调整字幕的大小和位置，让画面更加美观，完成后点击“√”按钮。这样，标题字幕也添加好了。可以看到剪辑轨道区增加了一条字幕轨道，但是字幕的显示时长比视频的时长短了许多，因此要把它的时长调整为和视频的时长相同。在剪辑轨道区选中文字素材，按住文字素材最右端的白色图标向右移动，直到文字素材的时长达到5秒为止。

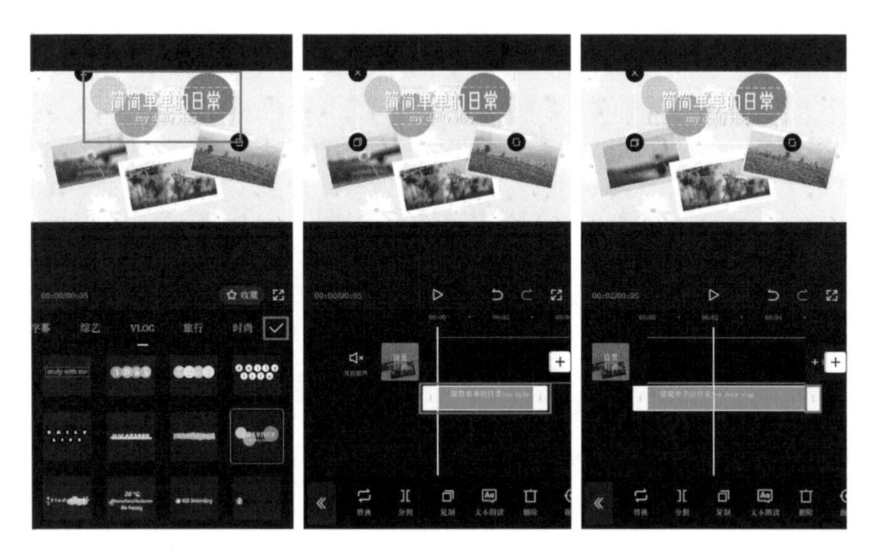

点击“<<”按钮，再点击“<”按钮，返回到一级工具栏中。

最后点击界面右上角的“导出”按钮，将视频导出即可。

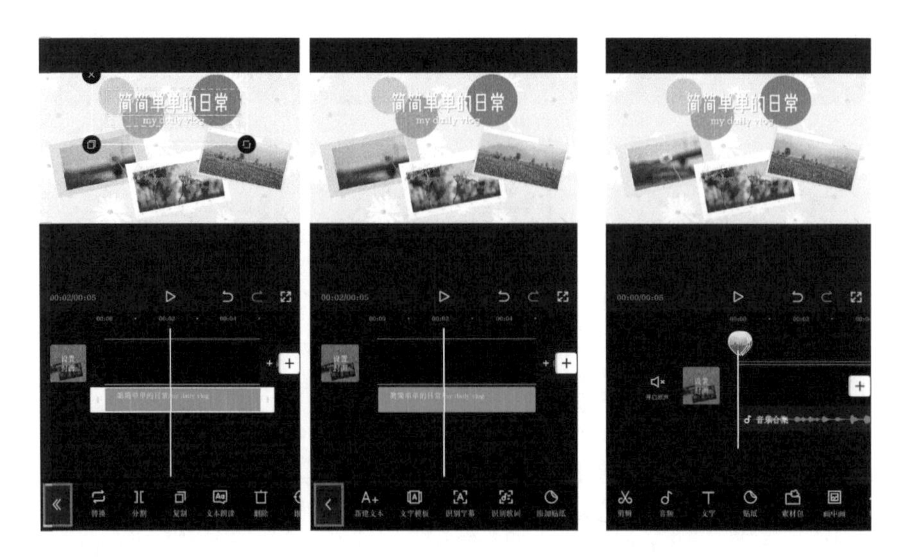

最终视频的画面效果如下页图所示。

- 分屏效果

现在主流的手机屏幕都是9：16的比例，因此，如果拍摄的视频是横屏视频，那么建议将视频设置为9：16的比例，再添加一个模糊背景或者制作分屏视频，这样视频在播放时会更适应手机屏幕的尺寸。下面演示视频分屏效果的制作过程。

打开剪映，点击“开始创作”按钮，选择两张照片素材，点击“添加”按钮。

一般分屏效果的视频都是9：16的竖构图。在未选中素材的状态下，点击底部工具栏中的“比例”按钮，进入比例选项栏，选择“9：16”比例，然后点击“<”按钮，返回到剪辑界面中。在视频预览区可以看到视频已经变成了9：16的竖构图。

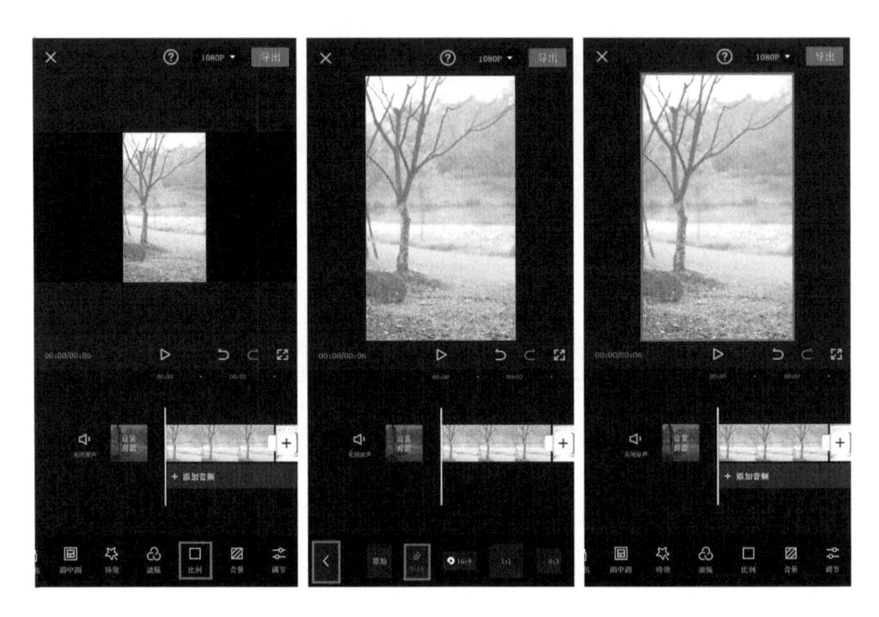

接下来给视频制作一个模糊的背景。点击底部工具栏中的“背景”按钮，进入背景选项栏，点击其中的“画布模糊”按钮，选择第二个模糊效果，点击“应用到全部”按钮，再点击“√”按钮，完成模糊背景的制作。

点击“<”按钮，返回到剪辑界面中。在剪辑轨道区选中第二段视频素材，然后将视频预览区中的照片素材调整到合适的大小和位置，使其位于整个视频画面的上半部分。

点击“<”按钮，返回到剪辑界面中。点击底部工具栏中的“画中画”按钮，再点击“新增画中画”按钮，进入素材添加界面。

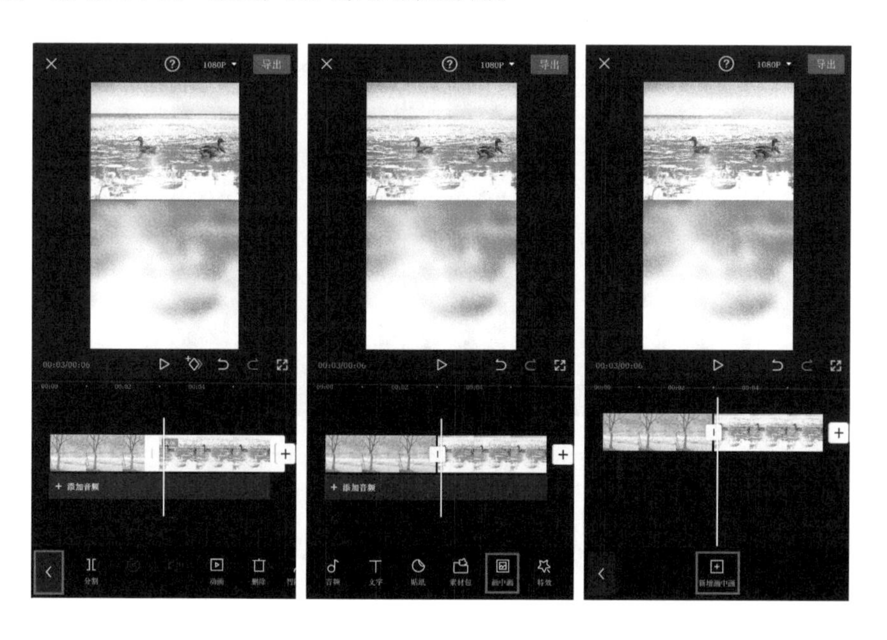

导入一张照片素材，在视频预览区可以看到新增了一个画中画。在剪辑轨道区选中这段画中画素材并向左拖曳，使其与第一个照片轨道的左右两端对齐，保证两张照片素材的显示时长是一致的。然后将视频预览区中的照片素材调整到合适的大小和位置，使其位于整个视频画面的下半部分，和上面的照片素材衔接在一起。

点击“<<”按钮，再点击“<”按钮，返回到剪辑界面中。

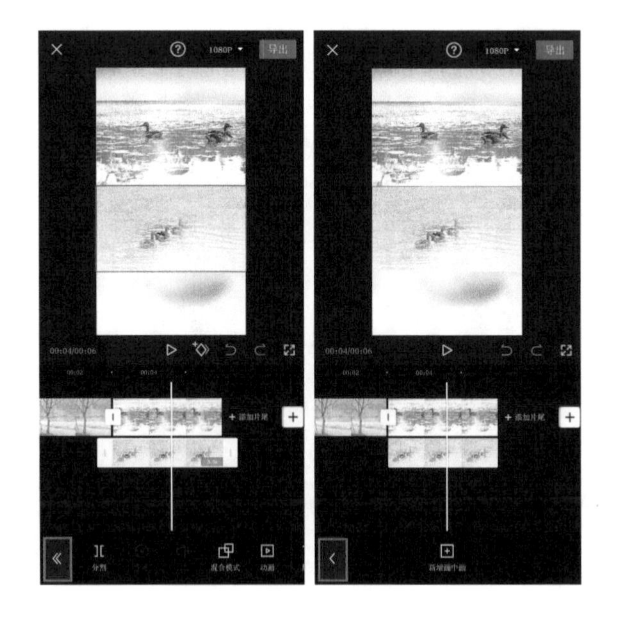

下一步是给视频添加背景音乐。点击底部工具栏中的“音频”按钮，进入音频工具栏，点击“音乐”按钮，进入音乐添加界面。

在“卡点”类别中选择一首背景音乐，点击音乐素材右侧的“使用”按钮，将音乐导入剪辑项目中。

在剪辑轨道区选中音乐素材，按住音乐素材最右端的白色图标向左拖曳，使之

与照片素材的最右端对齐。这样，背景音乐就添加好了。

点击“<<”按钮，再点击“<”按钮，返回到剪辑界面中。

接下来给视频添加动画和特效，让模糊背景和分屏照片之间的衔接更加顺畅，避免视频太过单调。在剪辑轨道区选中背景照片素材，点击底部工具栏中的“动画”按钮，进入动画选项栏，点击“入场动画”按钮，进入动画添加界面，选择“缩小”动画，把动画时长调整到最长，完成后点击“√”按钮。

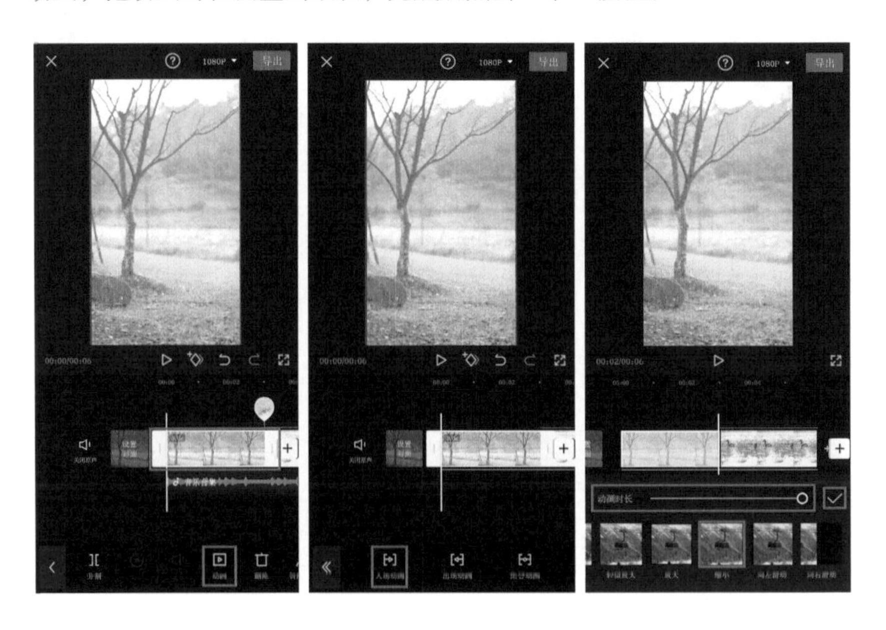

点击“<<”按钮，再点击“<”按钮，返回到剪辑界面中。

接着给两段素材的衔接处添加特效。将时间轴竖线移动到第二段照片素材的起始处，点击底部工具栏中的“特效”按钮，进入特效选项栏。点击“画面特效”按钮，进入特效添加界面，选择“热门”类别中的“星火炸开”特效，点击“√”按钮。

此时剪辑轨道区会增加一条特效轨道。选中特效素材，点击底部工具栏中的

“作用对象”按钮，再点击“全局”按钮，将该特效应用到第二段照片素材的全局，完成后点击“√”按钮。

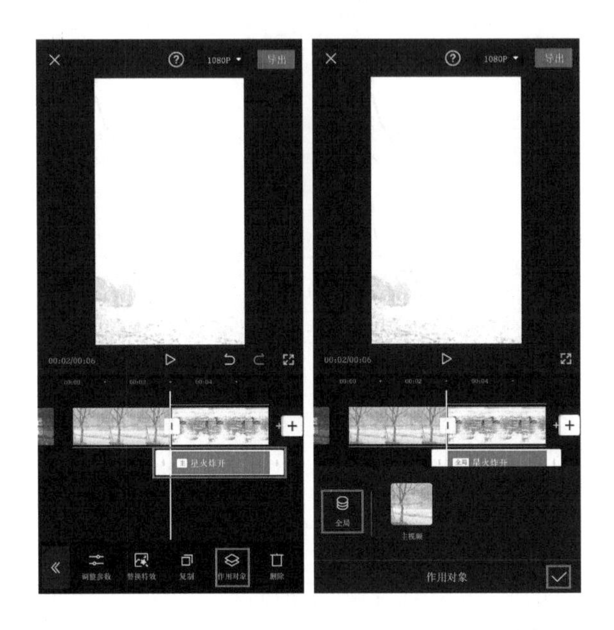

点击“<<”按钮，再点击“<”按钮，返回到剪辑界面中。

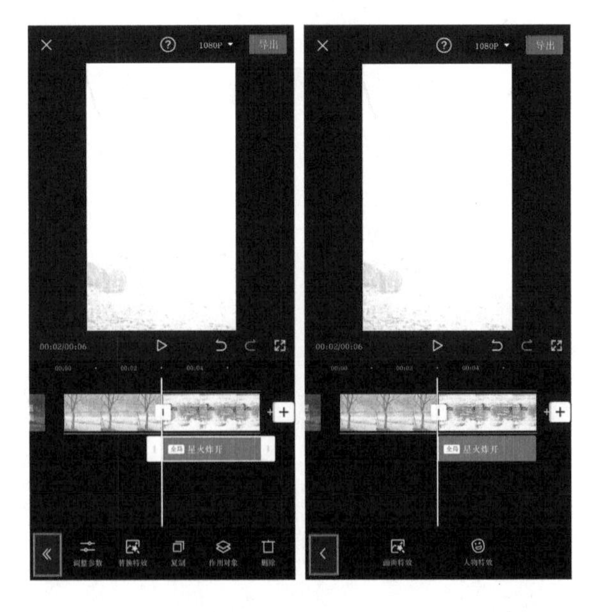

最后给视频添加字幕。点击底部工具栏中的“文字”按钮，进入文本工具栏，点击“文字模板”按钮，进入文字添加界面，在“精选”类别中选择一个“告白夏

日”模板，在视频预览区可以看到画面的中间新增了一组文字素材。

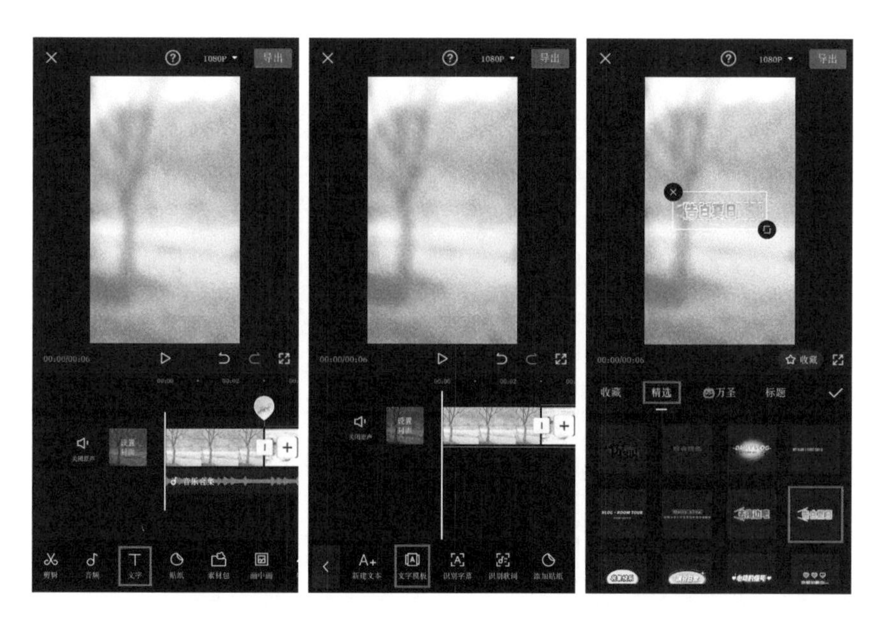

将文字素材调整到合适的大小和位置，使其位于画面的底部，不要遮挡分屏的照片素材，完成后点击“√”按钮。这样，在剪辑轨道区就会增加一条字幕轨道。

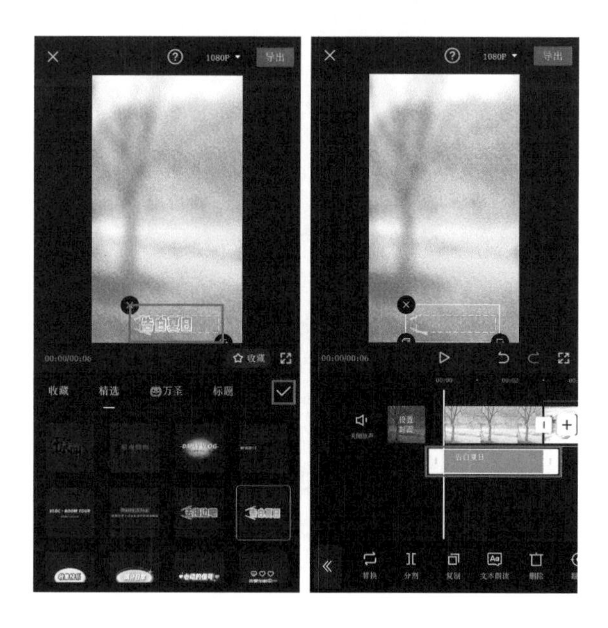

选中文字素材，按住文字素材最右端的白色图标向右拖曳，使之与照片素材的最右端对齐，这样文字就会显示在整个视频中了。点击“<<”按钮，再点击“<”

按钮，返回到剪辑界面中。

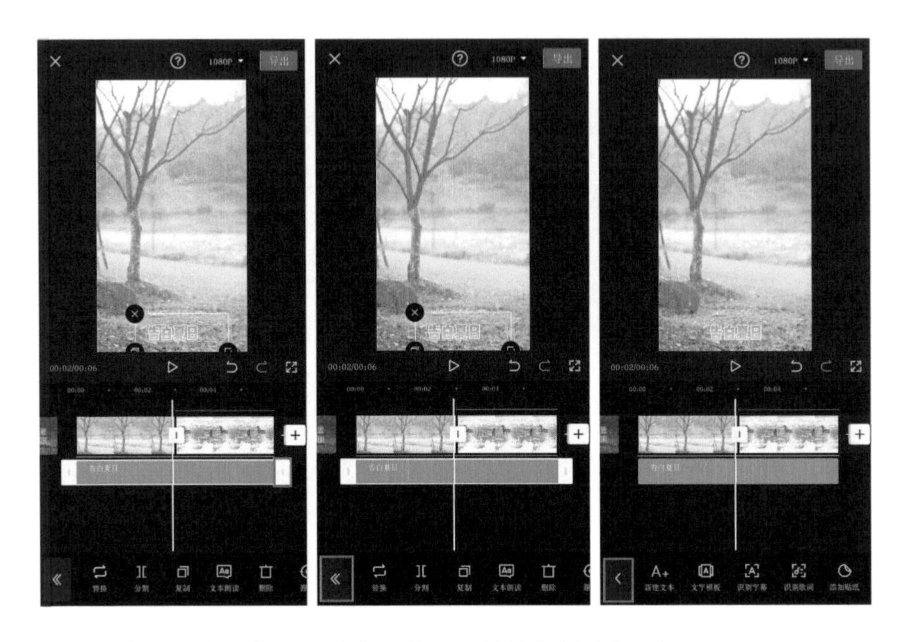

最后点击界面右上角的“导出”按钮，将视频导出即可。

最终视频的画面效果如下页图所示。

- 海市蜃楼

海市蜃楼的奇观在自然界中是难得一见的，那么怎样才能通过后期剪辑再现这样的奇观，让观众一饱眼福呢？下面演示海市蜃楼的制作过程。

打开剪映，点击“开始创作”按钮，进入素材添加界面，选择一段天空的视频素材和一张城市天际线的照片素材，再点击“添加”按钮，将选中的素材导入剪辑项目中。

此时剪辑轨道区会增加两段素材。选中城市天际线的照片素材，点击底部工具栏中的“切画中画”按钮，照片素材就会变换到视频素材下方的轨道中。

将剪辑轨道区的照片素材向左移动，左右两端均不超过视频轨道，这样做是为了之后制作出海市蜃楼渐显和渐隐的效果。

在剪辑轨道区选中照片素材，点击底部工具栏中的“蒙版”按钮，给照片添加一个圆形蒙版。然后在视频预览区拖曳蒙版的边框，让建筑主体全部显现出来，此时蒙版会变成一个椭圆形，完成后点击“√”按钮。

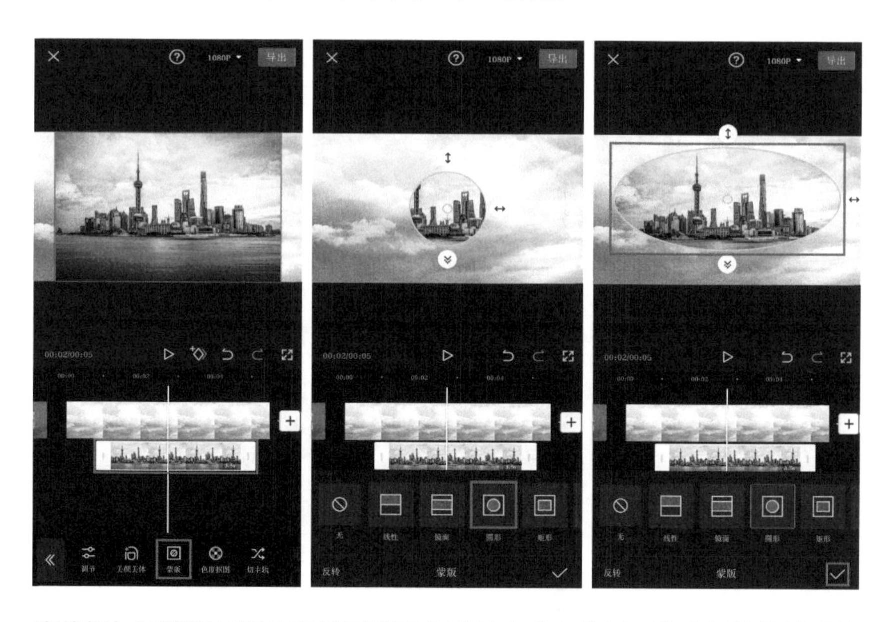

接着把加了蒙版的照片素材调整到合适的大小和位置，海市蜃楼的雏形就显现了出来，但是目前来看只是两张图片叠加在一起，看起来非常不真实，不够梦幻，而我们的目的是做出以假乱真的效果，因此要想办法将天空中的城市变得似隐似现。

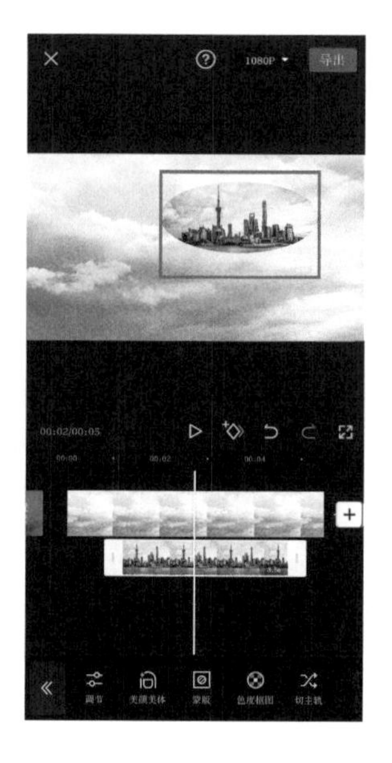

在剪辑轨道区选中照片素材，点击底部工具栏中的“混合模式”按钮，进入混合模式选项栏，选择其中的“强光”模式，然后降低不透明度。不透明度没有固定的数值，具体数值要根据实际情况而定，完成后点击“√”按钮。

接下来选中照片素材，将时间轴竖线移动至照片素材的中间位置，点击底部工具栏中的“分割”按钮，将照片素材分割成两段。这样做的目的是方便给视频添加渐显和渐隐的动画效果。

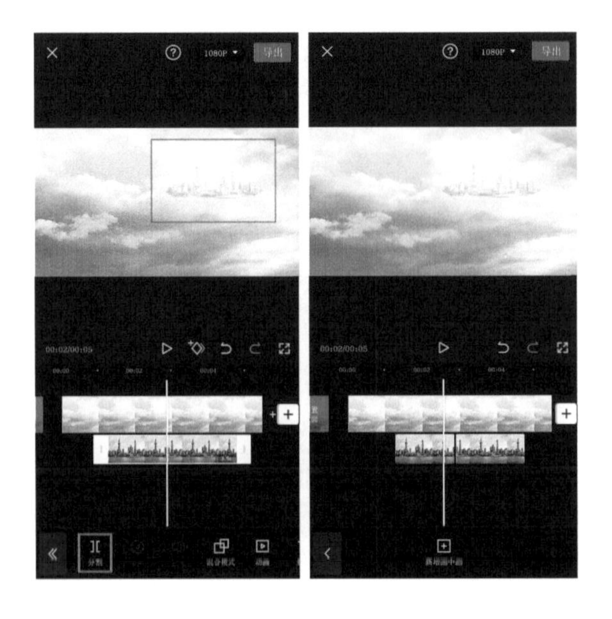

先在剪辑轨道区选中第一段照片素材，点击底部工具栏中的“动画”按钮，进入动画选项栏，再点击“入场动画”按钮，选择“渐显”动画，然后调整动画时长，给照片素材的起始处添加一个渐显的动画效果，这样就会让人感觉海市蜃楼是慢慢出现的，完成后点击“√”按钮。

然后在剪辑轨道区选中第二段照片素材，点击“出场动画”按钮，选择“渐隐”动画，然后调整动画时长，给照片素材的尾端添加一个渐隐的动画效果，让海市蜃楼慢慢消失，完成后点击“√”按钮。

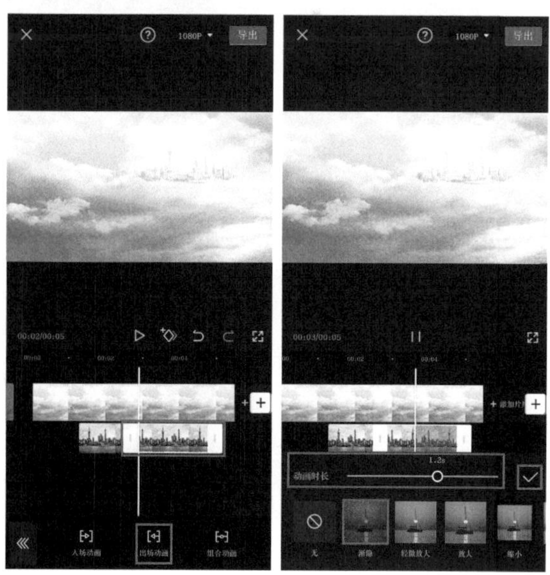

这样，海市蜃楼的短视频就制作完成了。依次点击“<<<”按钮、“<<”按钮和“<”按钮，返回到剪辑界面中。

最后点击界面右上角的“导出”按钮，将视频导出即可。

最终视频的画面效果如下页图所示。

除了以上几个案例之外，大家也可以打开自己的脑洞，制作出更加好玩的视频，比如婚礼快剪或平行世界等创意视频都可以用画中画功能来实现。

06

第6章 制作封面、片头和片尾

对于视频来说，如果有好看、直观的封面、片头和片尾，则能够给人更完整的感觉，传达出认真创作的一种态度。本章将介绍如何制作短视频的封面、片头和片尾。

6.1 制作视频封面

一个好看的视频封面可以为作品带来更多的流量，而一些新手在制作封面时总会遇到一些问题，比如封面图片的尺寸比例不对、封面模糊不清、文字杂乱不明显等。众多短视频创作者为了制作一个好看的视频封面，可谓是费尽了心思，甚至不断地寻找好用的App或是去苦学Photoshop。但是制作一个好看的封面真的这么费时费力吗？其实根本不用专门去学习一个图片处理软件，只需要使用剪映就可以搞定。操作方法也非常简单，只要在剪辑好的视频的最前端制作出视频封面即可。

6.1.1 基础封面

如果你是剪辑新手，那么你可以尝试给自己的短视频制作一个基础封面。以下列举的几种封面制作起来非常简单，无须使用任何有难度的剪辑技法，对新手非常友好。本小节就来讲解基础封面的制作方法。

- 黑屏+标题

以一段已经剪辑好的国家大剧院星轨视频为例，演示添加视频封面的操作方法。

在剪映中打开已经剪辑好的国家大剧院星轨视频，将时间轴竖线定位至视频的起始位置，然后点击剪辑轨道区最右侧的“+”按钮，进入素材添加界面。选择“素材库”中的“黑场”素材，点击“添加”按钮，将黑场素材导入剪辑项目中。此时剪辑轨道区会增加一段3秒的黑场素材。

在剪辑轨道区选中黑场素材，将黑场素材的时长调整到0.5秒。封面的背景就制作好了，接下来在背景中添加封面字幕即可。

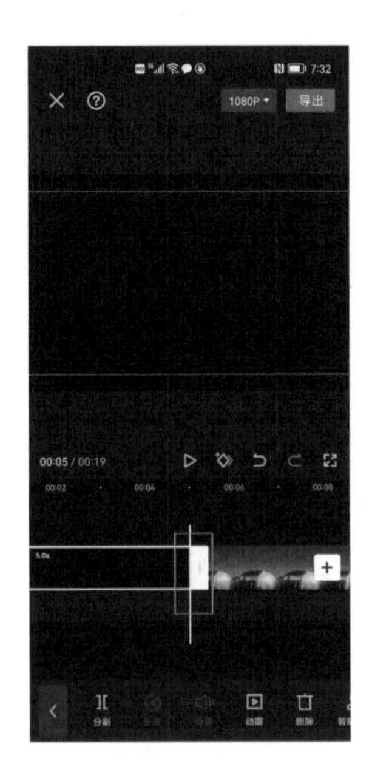

点击底部工具栏中的“文字”按钮，进入文本工具栏，点击“文字模板”按钮，在“字幕”类别中选择一个喜欢的静态模板，这里选择的是“今天分享的是我的

桌面好物”模板，然后在视频预览区将字幕素材调整到合适的大小，完成后点击“√”按钮。

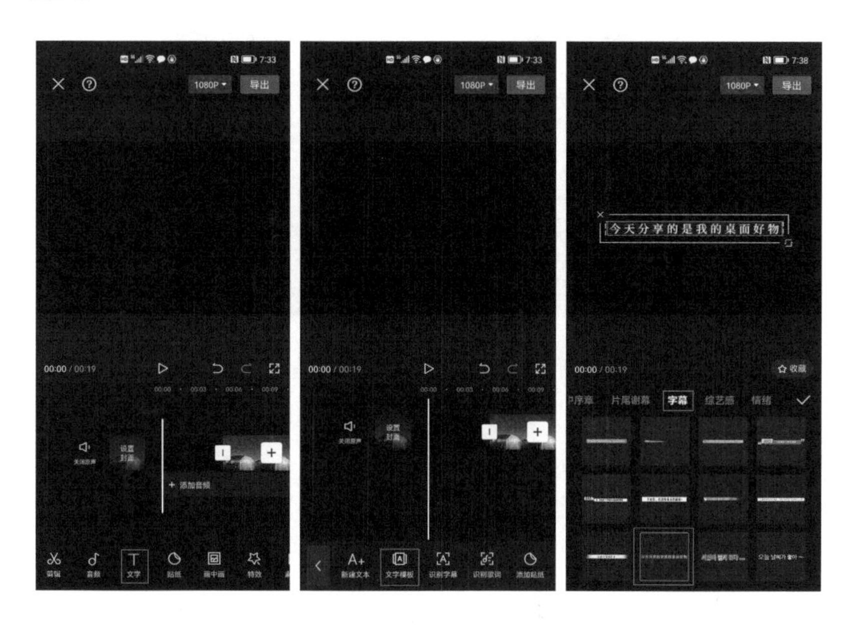

此时剪辑轨道区会增加一段字幕素材，选中字幕素材，将文字改为“国家大剧院星轨”，然后点击“√”按钮完成操作，此时的字幕素材时长不足5秒，不会影响视频本身的内容。这样，视频的封面就制作好了。如果不再需要其他操作，直接点击界面右上角的“导出”按钮，将视频导出即可。

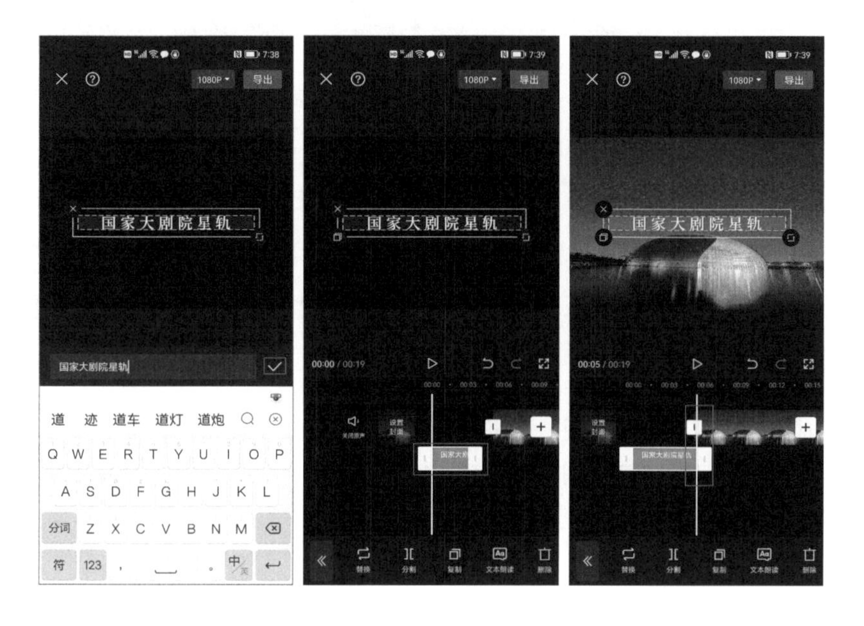

最终视频的封面效果如下图所示。

在选择文字模板时，之所以要使用静态模板，是因为如果使用动态模板的话，视频开场就会变成一段0.5秒的动态视频，而不是静态的封面。举个例子，假设刚才在选择文字模板时，选择的是“节日”类别中的“魔女之夜”动态模板，然后点击视频预览区中的文本框，打开输入键盘，将文本修改为合适的内容之后，再将视频预览区中的字幕调整到合适的大小，完成后点击“√”按钮。

此时剪辑轨道区也会出现一段字幕素材，同样选中字幕素材，将字幕素材的时长调整为0.5秒，使其不要影响到视频本身的内容。

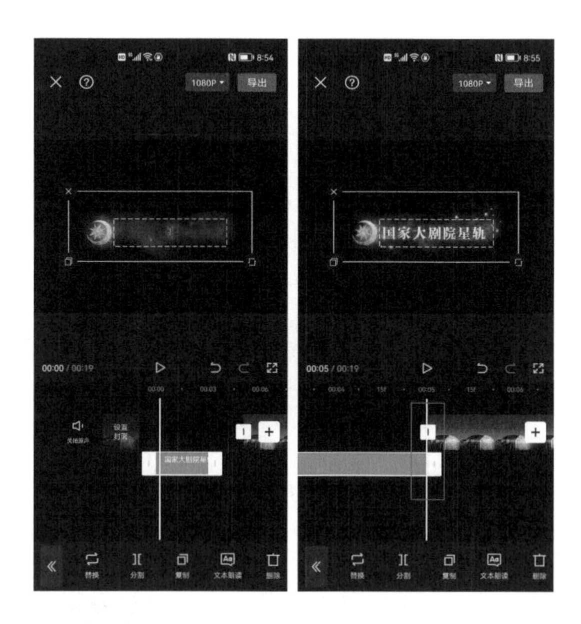

可以看到，视频的起始位置并不是我们想要的封面效果，而是动态模板的第一帧画面。

当视频播放超过0.1秒的时候，字幕还处于动画状态。

当视频播放到0.3秒之后，才会出现想作为封面的画面。

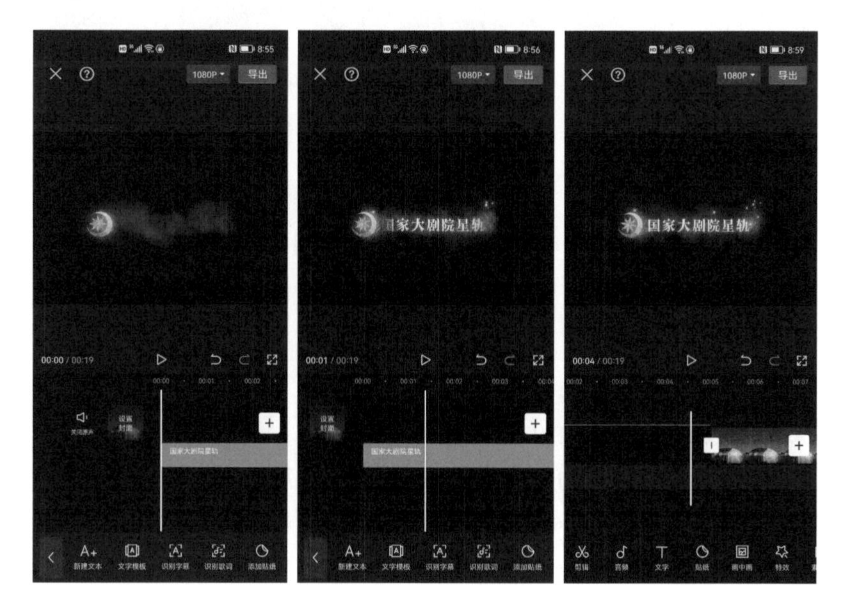

可是如果你非常喜欢当前的界面效果，有没有什么办法可以把它制作成视频封面呢？答案是有的。首先将时间轴竖线定位至想要作为封面的位置，用手机截屏，再裁掉周边多余的部分，只保留当前想要的部分，将当前的画面保存至手机相册中。

然后点击“设置封面”按钮，再点击“相册导入”按钮，在手机相册中选择刚才保存的截屏画面。

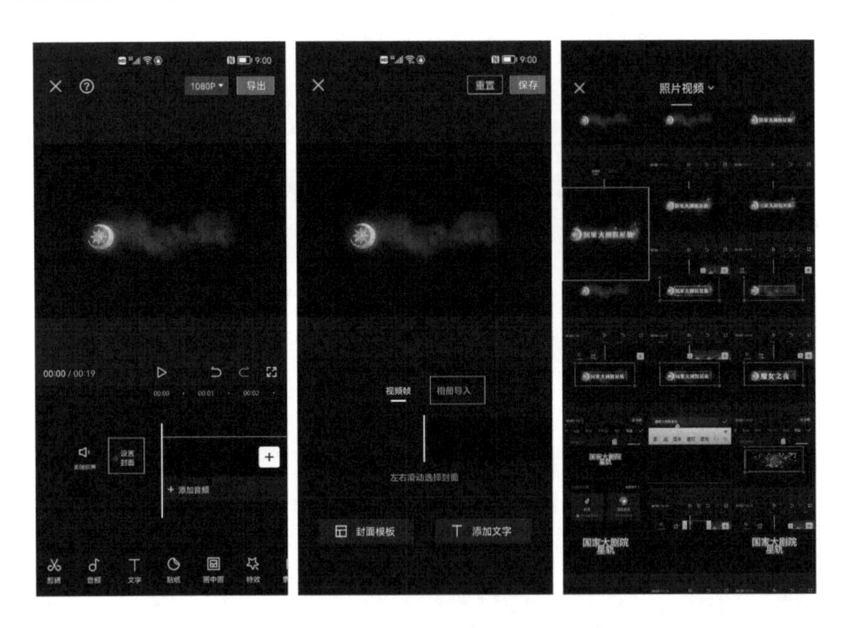

再将想要的封面移动至白色方框中，点击“确认”按钮。完成后点击界面右上角的“保存”按钮，这样视频的封面就制作好了。

返回到剪辑界面之后，如果你不想要这段动态的片头，可以在剪辑轨道区选中片头素材，点击底部工具栏中的“删除”按钮，将片头删除。

最后，如果不再需要其他操作，点击界面右上角的“导出”按钮，将视频导出即可。

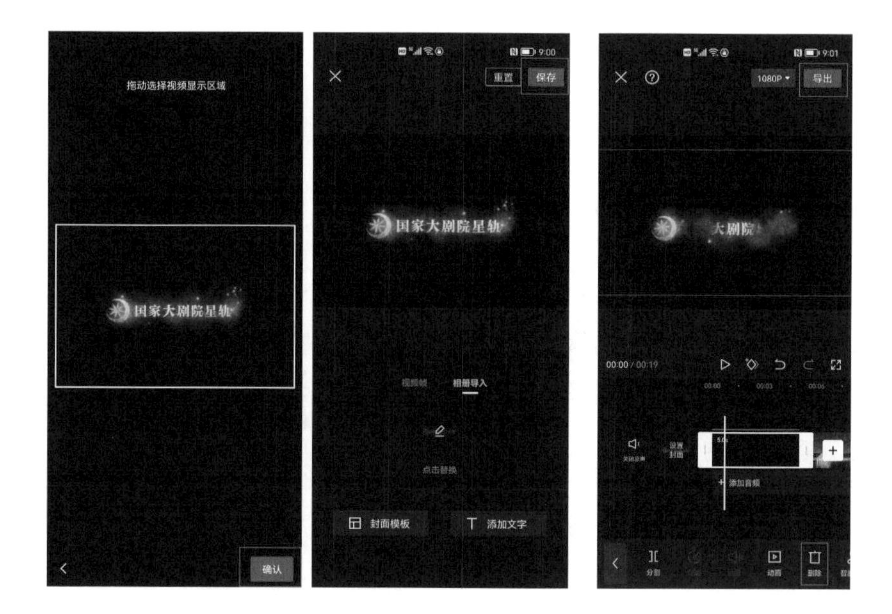

最终导出视频的封面效果如下图所示。

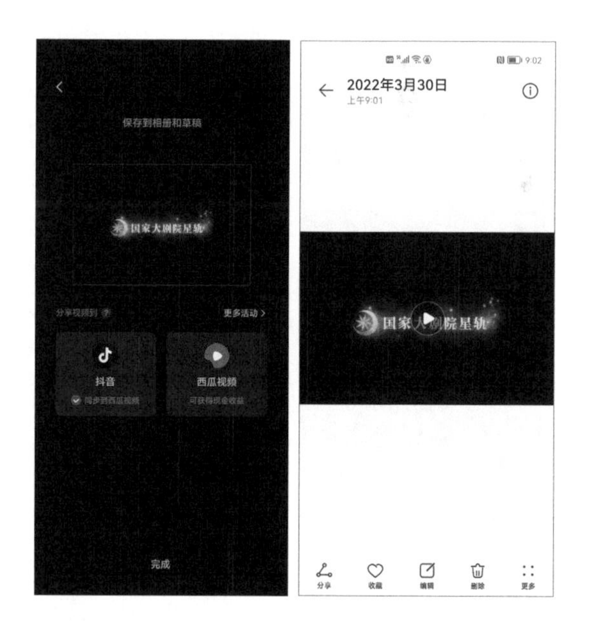

- 模糊画面+标题

完成视频的剪辑之后，先将时间轴竖线定位至想要作为封面的位置，点击底部工具栏中的“定格”按钮，将画面定格。此时剪辑轨道区会增加一段3秒的定格素材，我们就用这段定格素材制作视频封面。

选中定格素材，把它移动至视频的起始位置，把时长调整为0.5秒。完成后点击“<”按钮，返回到剪辑界面中。

接下来要给封面添加模糊背景。将时间轴竖线定位至定格素材的起始位置，点击底部工具栏中的“特效”按钮，再点击“画面特效”按钮，选择“基础”类别中的“模糊”特效，完成后点击“√”按钮。

此时剪辑轨道区会增加一条特效轨道，选中特效素材，将时长调整为0.5秒。

点击“<<”按钮，再点击“<”按钮，返回到剪辑界面中。

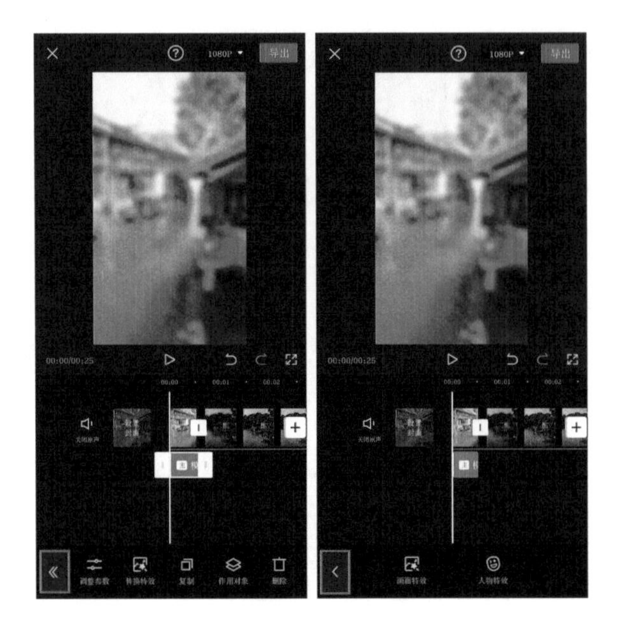

下一步是要给封面添加字幕和贴纸。点击底部工具栏中的“文字”按钮，进入文本工具栏，点击“新建文本”按钮，打开输入键盘，添加想要的文本，这里输入“秋天的第一次郊游”。

输入文本后，修改文本的样式，再添加一个气泡效果，完成后点击“√”按钮。

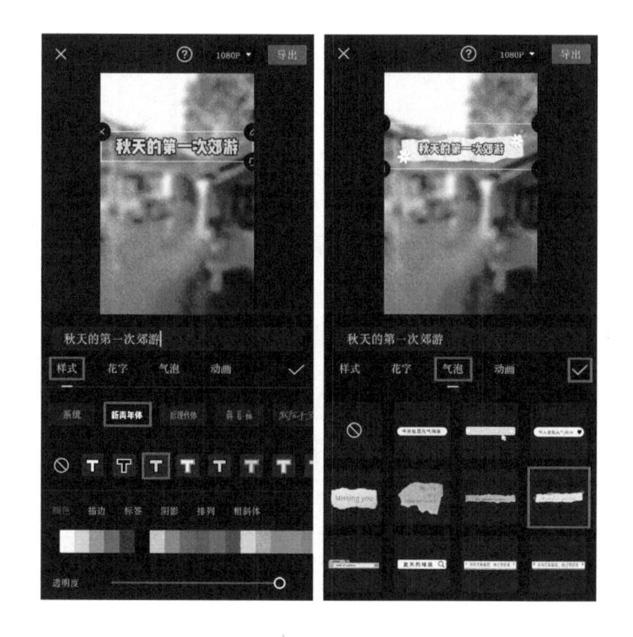

此时剪辑轨道区会增加一条文本轨道，选中文本素材，把时长调整为0.5秒。

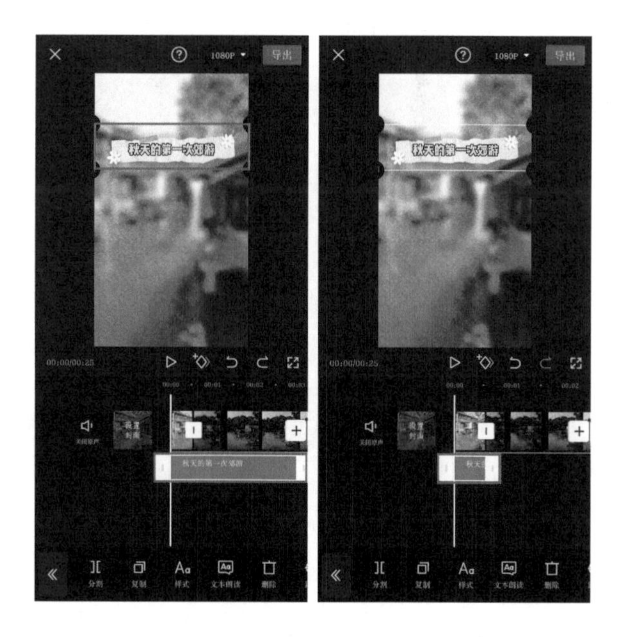

点击底部工具栏中的“添加贴纸”按钮，根据视频的主题在搜索框中输入“秋游”，选择一个喜欢的秋游贴纸，点击“关闭”按钮。在视频预览区将贴纸调整到合适的大小和位置，完成后点击“√”按钮。

此时剪辑轨道区会增加一条贴纸轨道，选中贴纸素材，把时长调整为0.5秒。完成后点击“<<”按钮，返回到剪辑界面中。

现在封面的中间部分有些空，文本和贴纸元素过于分散，因此可以再增加一些应景的贴纸。再次点击底部工具栏中的“添加贴纸”按钮，在搜索框中输入“大雁”，选择一个喜欢的大雁贴纸，点击“关闭”按钮。在视频预览区将贴纸调整到合适的

大小和位置，完成后点击“√”按钮。

此时剪辑轨道区会增加第二条贴纸轨道，选中贴纸素材，把时长调整为0.5秒。这样视频的封面就制作好了。

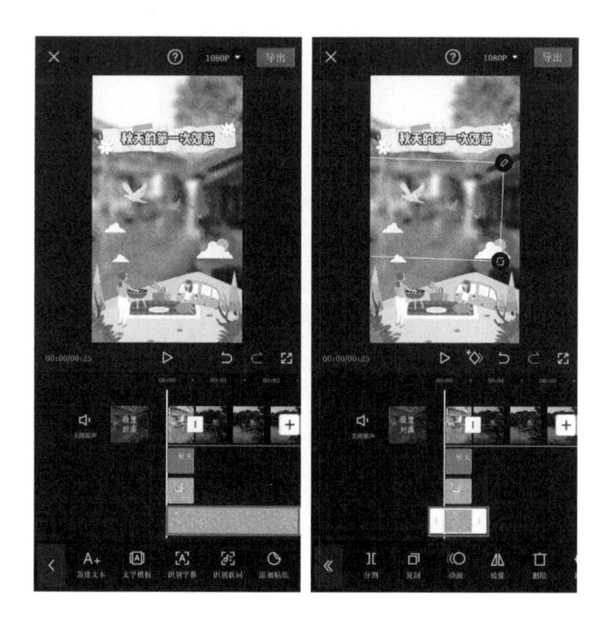

如果不再需要其他操作，点击“<<”按钮，再点击“<”按钮，返回到剪辑界面中。最后点击界面右上角的“导出”按钮，将视频导出即可。

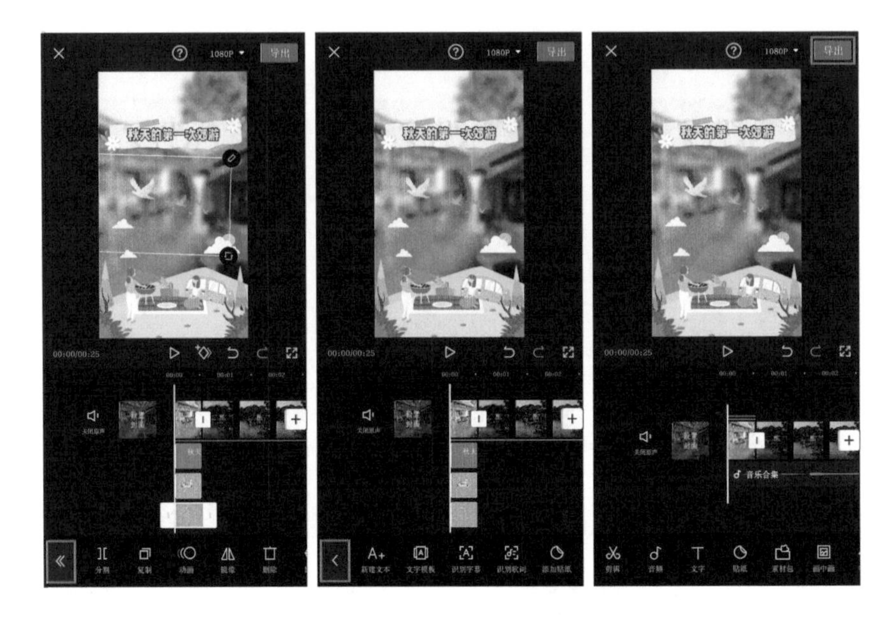

最终视频的封面效果如下图所示。

• 卡片+标题

完成视频的剪辑之后，先将时间轴竖线定位至视频的起始处，点击剪辑轨道区的"+"按钮，进入素材添加界面。选择一张封面照片，点击"添加"按钮，把它添加到剪辑项目中。此时剪辑轨道区会增加一段3秒的照片素材，我们就用这段照片素材制作视频封面。

选中照片素材，把它移动至视频的起始位置，把时长调整为0.5秒，再将照片移动至画面的左侧，完成后点击“<”按钮，返回到剪辑界面中。

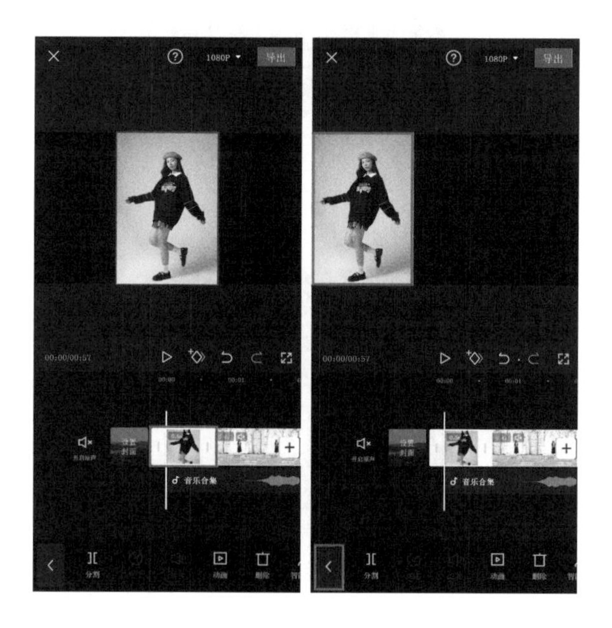

此时画面的右侧是黑色的，看起来和照片的搭配不太协调，因此点击底部工具栏中的“背景”按钮，再点击“画布颜色”按钮，选择白色背景，完成后点击“√”按钮。

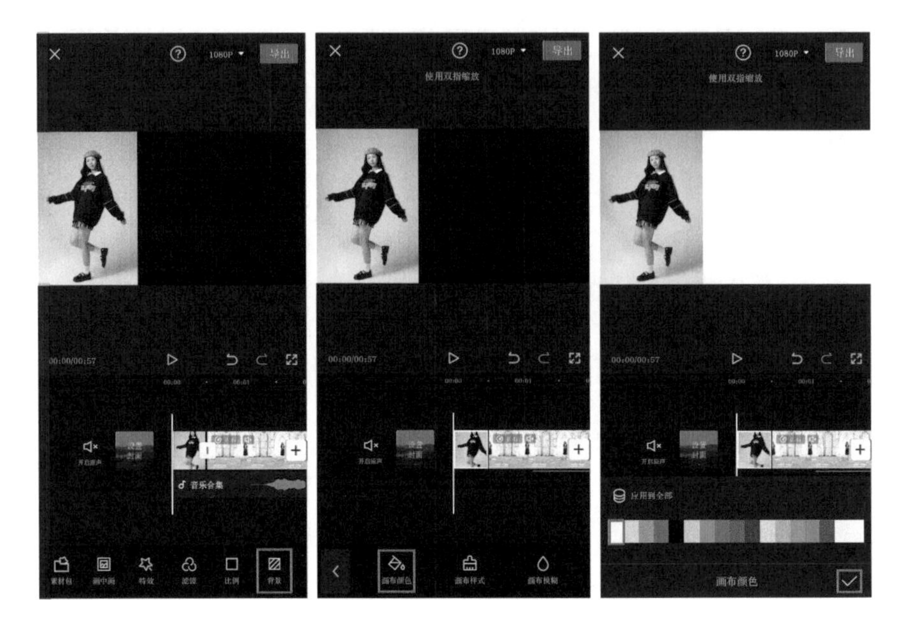

点击“<”按钮，返回到剪辑界面中。接下来要给白色背景添加封面字幕。

点击底部工具栏中的“文字”按钮，进入文本工具栏，点击“新建文本”按钮，在输入键盘中输入“春装出行”。

添加字幕后，在视频预览区将字幕调整到合适的大小和位置，再修改文本的样式和气泡效果，完成后点击“√”按钮。此时剪辑轨道区会增加一条字幕轨道。

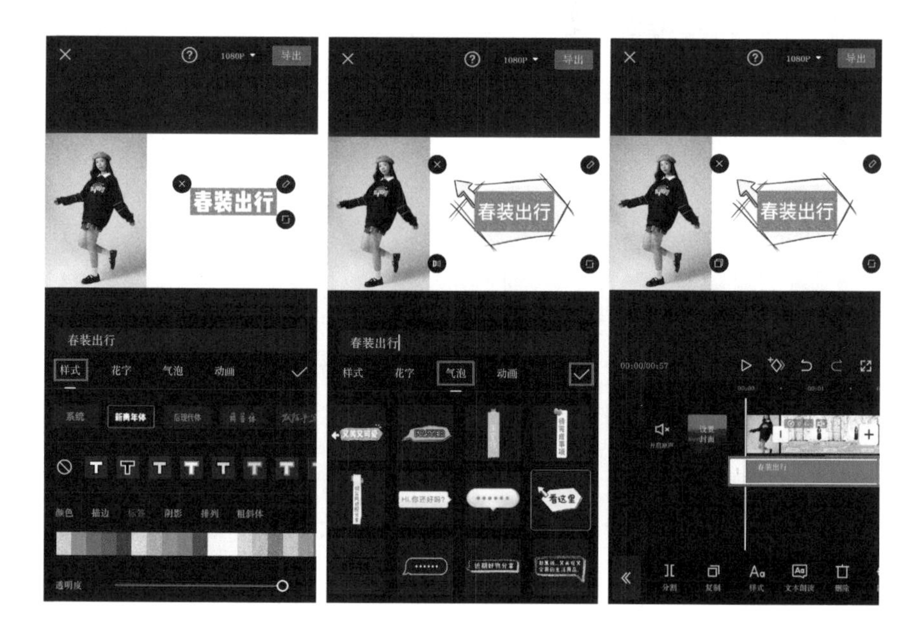

选中字幕素材，将它的时长调整为0.5秒。这样视频的封面就制作好了。点击“<<”按钮，再点击“<”按钮，即可返回到剪辑界面中。

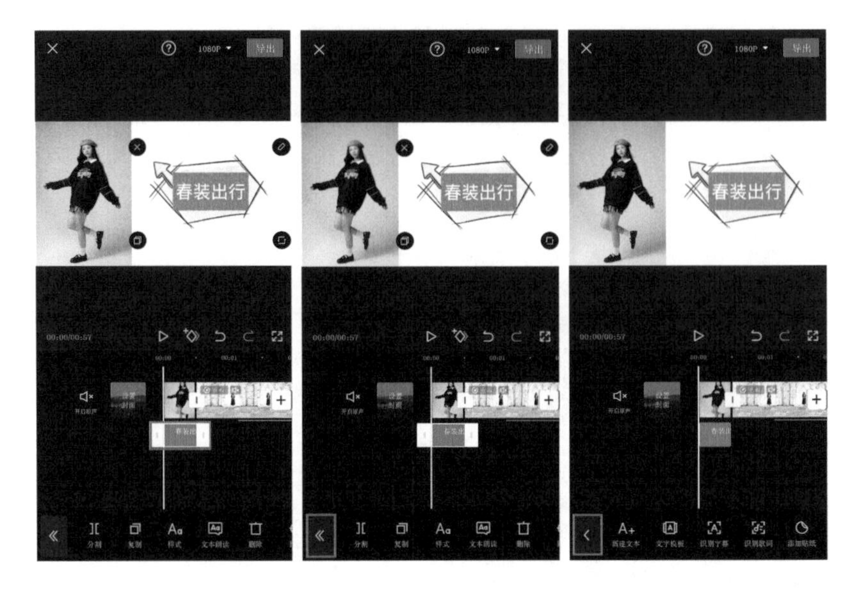

最后点击界面右上角的“导出”按钮，将视频导出即可。

最终视频的封面效果如下图所示。

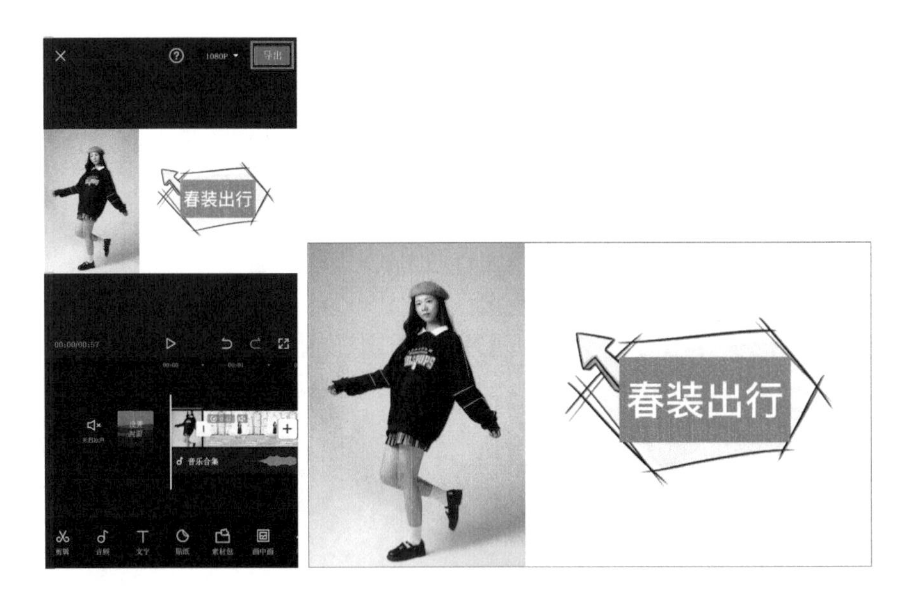

6.1.2 创意封面

成熟的短视频创作者发布的视频都有创意封面，且有各自的风格，这类封面要比基础封面更加精美，也更加吸引人。很多初学者认为这类封面的制作非常麻烦，其实不然，本小节就来讲解创意封面的制作方法。

• 纪录片封面

纪录片封面特别适合一些美食教程、电影解说、动物世界、记录日常生活等类别的短视频。这类封面能将视频当中的主要元素提炼出来充当封面背景，能清楚阐述主题。接下来演示纪录片封面的制作过程。

下面是一段已经剪辑好的视频，我们从中选取一个帧用来制作封面。将时间轴竖线定位至一个比较有趣的画面，点击底部工具栏中的“剪辑”按钮，进入剪辑工具栏，点击“定格”按钮，将画面定格。

此时剪辑轨道区会增加一段3秒的定格素材，选中定格素材，把它拖曳到视频轨道的最前端，把时长调整为0.5秒，甚至可以再短一些。完成后点击“<<”按钮，再点击“<”按钮，返回到剪辑界面中。

接下来点击底部工具栏中的“蒙版”按钮，选择“圆形”蒙版，将两根手指放在视频预览区的蒙版上，调整蒙版的覆盖面积，增加羽化的面积。当然也可以使用线性蒙版、心形蒙版等，完成调整之后点击“√”按钮。

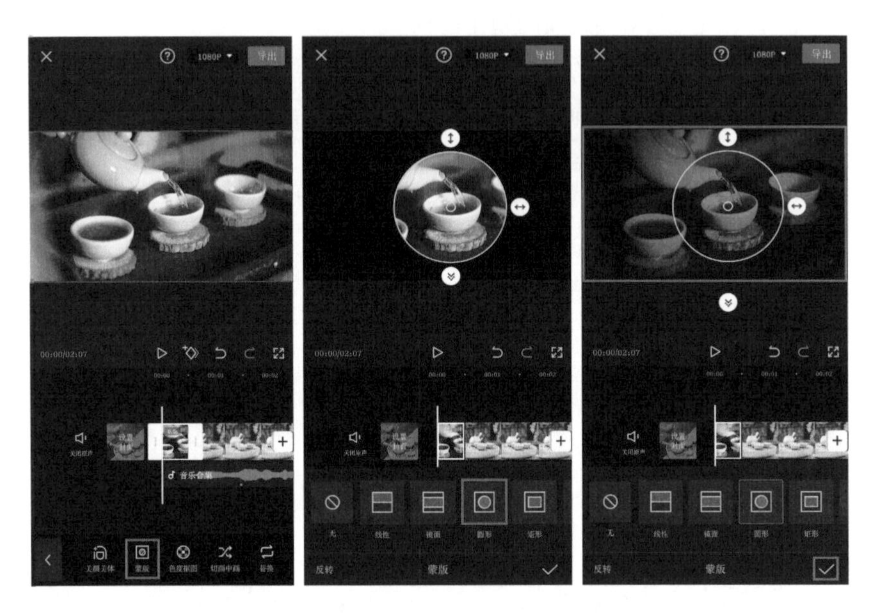

点击“<”按钮，返回到剪辑界面中。完成以上步骤之后，接下来就可以添加封面的字幕和贴纸。点击底部工具栏中的“文字”按钮，进入文本工具栏，点击“新建文本”按钮。

在输入键盘中输入一段文本，比如这里输入“中国茶道”。添加文本之后，继续调整文本的字体和颜色等效果，完成后点击“√”按钮。另外，也可以直接在文字模板中选择喜欢的效果，剪映中的文字模板是非常丰富的，因此制作的封面可以非常漂亮。

此时剪辑轨道区会增加一条字幕轨道，选中字幕轨道，把时长调整为0.5秒。完成调整后点击“<<”按钮，返回到剪辑工具栏中。

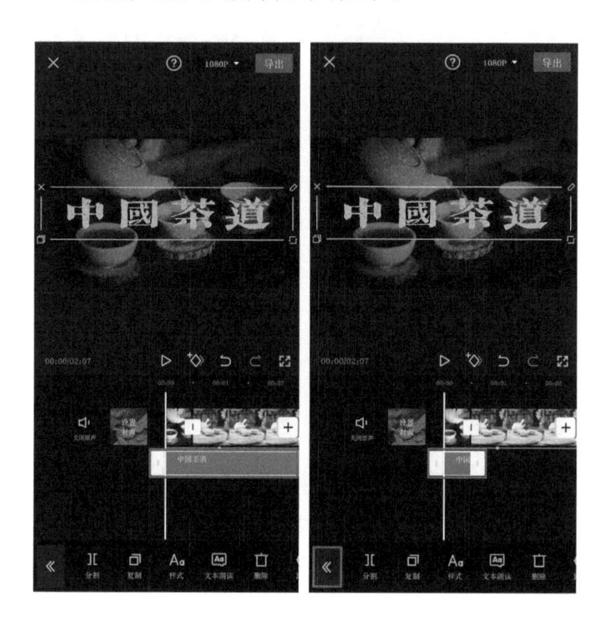

然后选择一些贴纸，加入封面中。点击底部工具栏中的“添加贴纸”按钮，搜索“茶道”贴纸，选择一些比较喜欢的贴纸样式，点击“关闭”按钮。然后调整贴纸的大小和位置，完成后点击“√”按钮。

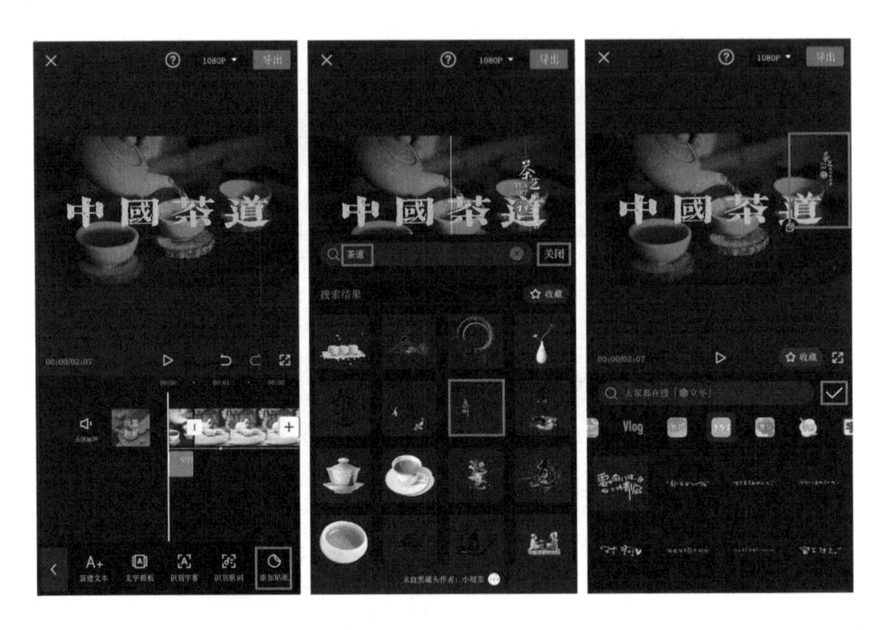

此时剪辑轨道区会增加一条贴纸轨道，选中贴纸素材，把时长调整为0.5秒。

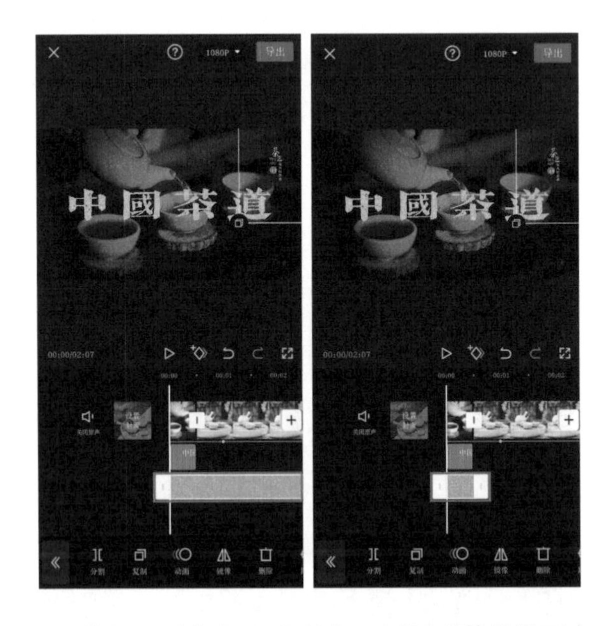

最后点击“<<”按钮，再点击“<”按钮，返回到剪辑界面中。把添加的素材

时长全部调整为0.5秒，和封面素材对齐，否则它会影响到后面的视频。这样视频封面就制作好了。最后点击界面右上角的“导出”按钮，将视频导出即可。

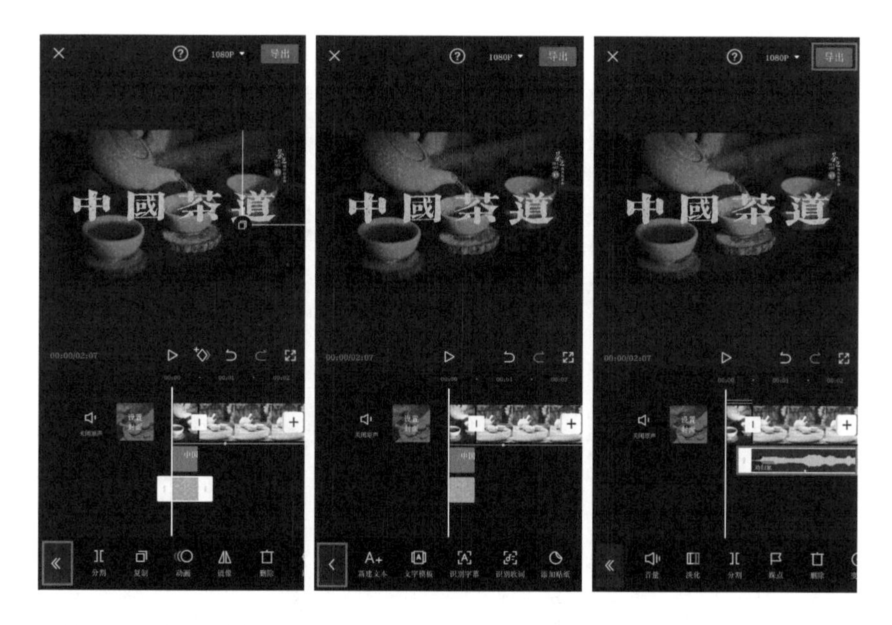

最终视频的封面效果如下图所示。标题文字非常清晰，与右上角的贴纸相得益彰，再加上图片的衬托，使得视频的主题也更加鲜明。用这个方法制作出来的视频封面，既可以避免视频封面的尺寸比例不对，也可以保证视频封面的清晰度。

- 海报封面

海报封面尤其适合一些照片卡点、内容宣传等类别的短视频。原本海报的特性就是尺寸大、远视强、艺术性高，同时具有一定的广告宣传性和商业性。因此，当我们把海报封面应用在短视频当中时，也能够起到突出主体、增加传播性的效果。接下来演示海报封面的制作过程。

下面是一段已经剪辑好的视频，将时间轴竖线定位至视频的起始位置，点击剪辑轨道区的“+”按钮，进入素材添加界面，选择一张封面照片，点击“添加”按钮，把它导入剪辑项目中。

选中封面素材，或者保证时间轴竖线仍然处于视频的起始位置，点击底部工具栏中的“画中画”按钮，再点击“新增画中画”按钮，导入另外一张画中画照片。

此时剪辑轨道区会增加一条画中画轨道，选中画中画素材，点击底部工具栏中的“混合模式”按钮，混合模式默认选择“正常”，将不透明度调整至50，完成后点击“√”按钮。此时画中画素材变成了半透明的状态，在视频预览区将画中画调整到合适的大小和位置，这样，杂志风格惯用的重影效果就制作完成了。

完成画中画的调整后，把画中画素材和封面素材的时长都调整为0.5秒。

完成后点击“<<”按钮，再点击“<”按钮，返回到剪辑界面中。

接下来再给封面添加一个海报贴纸，模仿海报封面的效果。点击底部工具栏中的“贴纸”按钮，在搜索框中输入“海报”，在搜索结果中选择一个自己喜欢的海报贴纸，点击“关闭”按钮。然后在视频预览区将海报贴纸调整到适合封面的大小，完成后点击“√”按钮。

此时剪辑轨道区会增加一条贴纸轨道，选中贴纸素材，同样把时长调整为0.5秒。至此，海报封面就制作完成了。

最后点击“<<”按钮，再点击“<”按钮，返回到剪辑界面中。确认封面效果没问题后，点击界面右上角的“导出”按钮，将视频导出即可。

最终视频的封面效果如右图所示。这就是一个典型的照片卡点视频的海报封面，不但具有海报的艺术性和创意性，而且插图和布局的美观能够更加吸引观众的眼球。如果是内容宣传类的短视频，还可以将主题内容提炼出来，作为字幕添加在封面上，达到宣传的目的。

6.2 制作片头和片尾

抖音、快手、小红书等平台上的短视频创作者一般都会给自己的短视频添加片头和片尾，目的是增加短视频的趣味性和丰富程度，让短视频更加精彩。

短视频中的片头和片尾是承上启下的桥梁和纽带，片头是视频开场的序幕，片尾是视频结尾的跋幕。通常来说，片头可能是从短视频中筛选出来的最能表达视频主旨的镜头画面，也有可能是一段开场特效，而片尾会列出出镜人员名单，系列视频则可能有固定的头像片尾。总的来说，片头和片尾的作用就是对整个短视频进行包装，从而提高短视频的感召力和收视效果。本节就来讲解片头和片尾的制作方法。

6.2.1 片头的制作

片头在不同类型的短视频中发挥着不同的作用，营造着不同的氛围，产生了不同的艺术效果。下面介绍几种常用的片头制作方法。

- 动画片头

动画片头是非常常见的一种片头效果。在剪映的素材库中，可以直接给剪辑好的视频添加动画片头。添加方法非常简单，只需要在素材库中选择一个动画素材，然后给该素材添加动画效果即可。下面以一段关于中秋的短视频为例，演示动画片头的制作过程。

完成视频的剪辑后，将时间轴竖线定位至视频的起始处，点击剪辑轨道区的“+”按钮，进入素材添加界面。在“素材库”的“片头”类别中，选择一个喜欢的片头效果。如果没有合适的片头，可以手动搜索想要的片头素材，例如在搜索框中输入“国风片头”，即可检索出相应的素材，选择一个想要的片头素材，点击“添加”按钮，把它添加到剪辑项目当中。

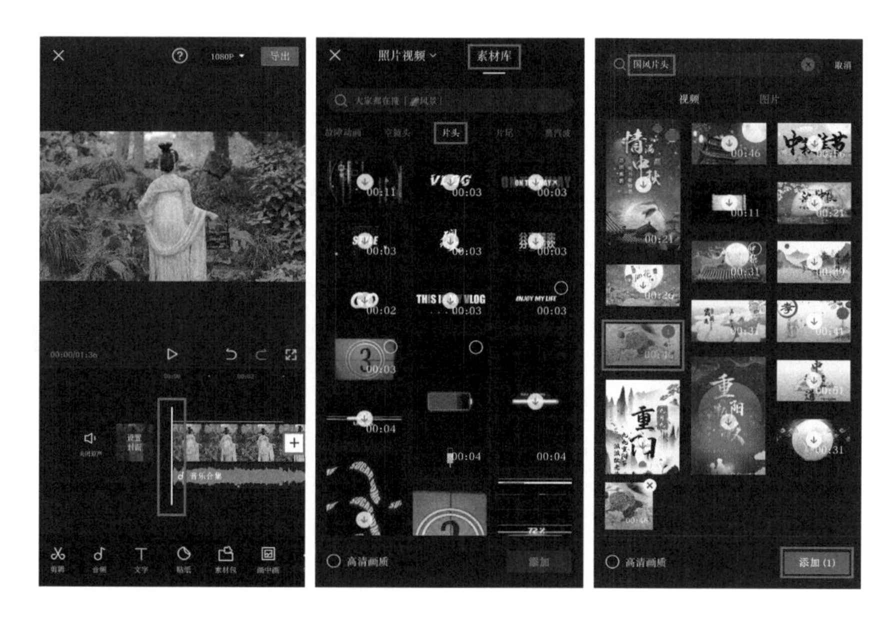

此时剪辑轨道区会增加一段视频素材，选中该素材，可以看到素材的时长是45秒。对于片头来说，45秒显然过长，所以我们要通过分割和删除的方式将片头裁剪到一定的时长。通过观察可以发现只保留后面几秒的动画即可。将时间轴竖线定位至想要分割的位置，点击底部工具栏中的“分割”按钮，将该素材分割成两段。

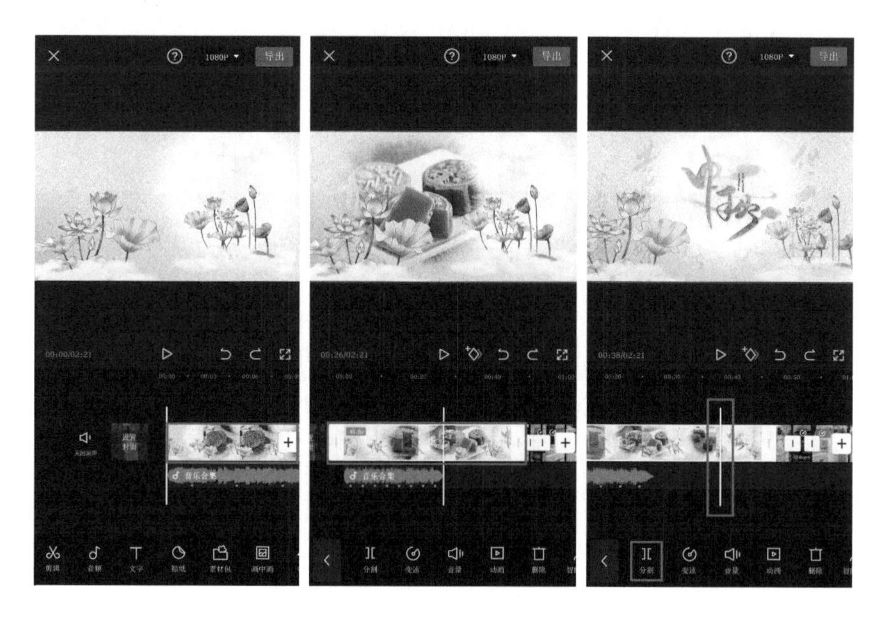

完成分割之后，选中前面这段素材，点击底部工具栏中的“删除”按钮，将多余的部分删除。

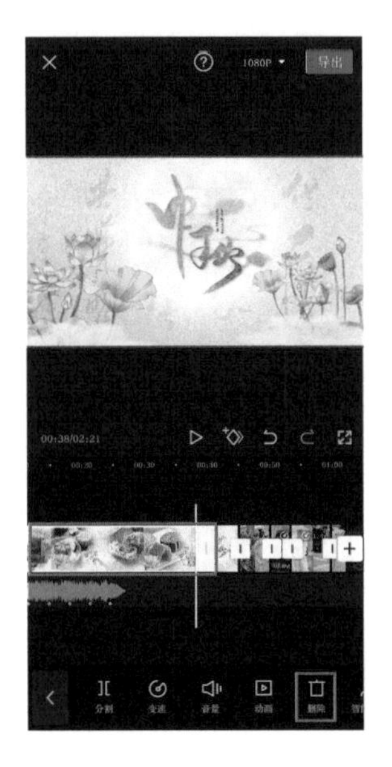

再选中剩余的素材，点击底部工具栏中的“变速”按钮，再点击“常规变速”按钮，调整素材的播放速度，完成后点击“√”按钮。

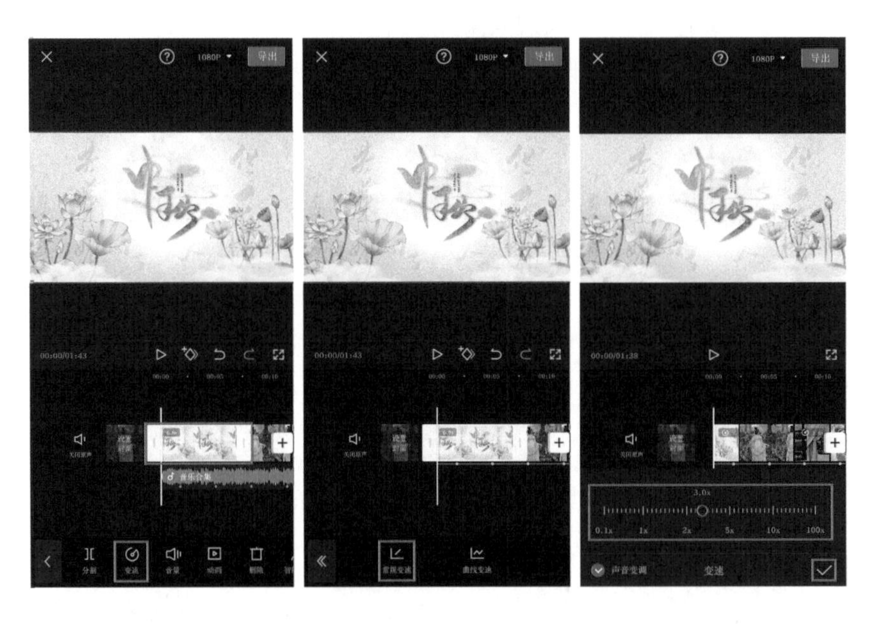

此时这段素材的时长变为了2.3秒，作为片头来说，时长是合适的。最后给片头添加一个动画效果。点击底部工具栏中的“动画”按钮，再点击“入场动画”按钮，选择“缩小”动画，调整好动画时长之后，点击“√”按钮，完成动画效果的添加。

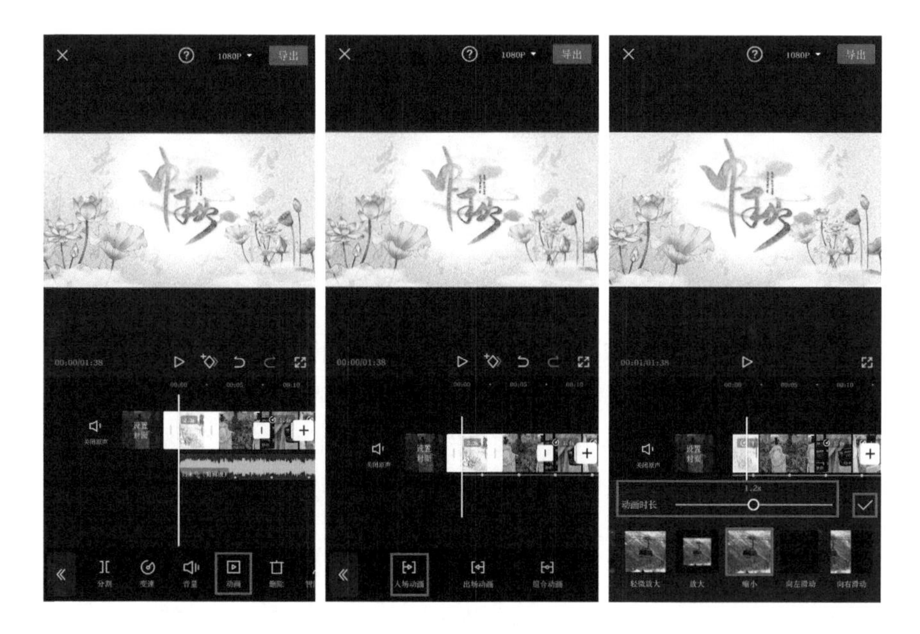

最后点击“<<”按钮，再点击“<”按钮，即可返回到剪辑界面中。如果不再需要进行其他操作，点击界面右上角的“导出”按钮，将视频导出即可。

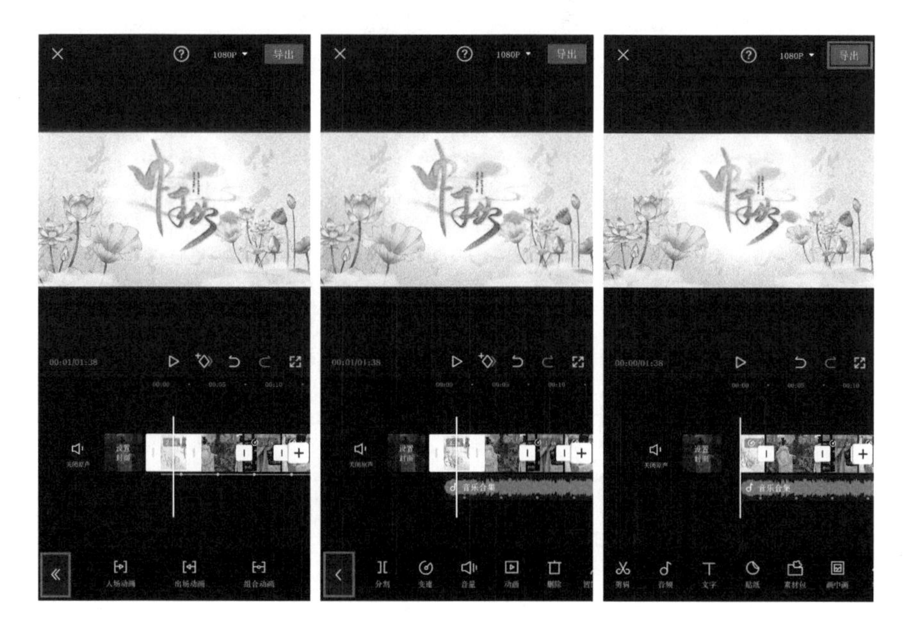

最终视频的片头效果如下页图所示。

除了在素材库中添加片头外，通过底部工具栏中的“素材包”也可以添加片头效果。需要注意的是，这类片头是直接作用在视频本身的，而不是在视频的最前端添加一段动画素材。也就是说，在素材包中选择片头效果时，一定要在视频的起始处提前预留出足够的片段作为片头，以免添加的片头效果影响到后面的视频内容。

最终视频的片头效果如下图所示。

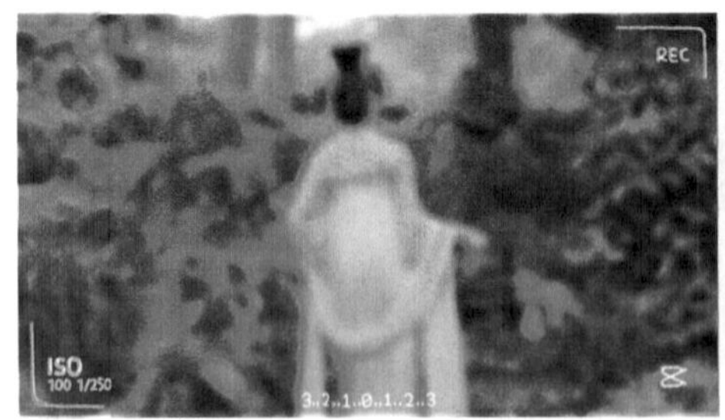

- 镂空滚动字幕片头

有创意的片头具有画龙点睛的作用，因其精彩的视觉效果和具有感染力的画面，能够在短短的几秒至几十秒内迅速吸引观众的眼球。镂空滚动字幕片头就是一种极具创意性的片头风格。接下来演示镂空滚动字幕片头的制作过程。

打开剪映，点击“开始创作”按钮，点击“素材库”，选择“黑白场”类别当中的“黑场”素材，再点击“添加”按钮，把它添加到剪辑项目当中。

点击底部工具栏中的“文字”按钮，进入文本工具栏，点击“新建文本”按钮，在输入键盘中输入想要的文字。

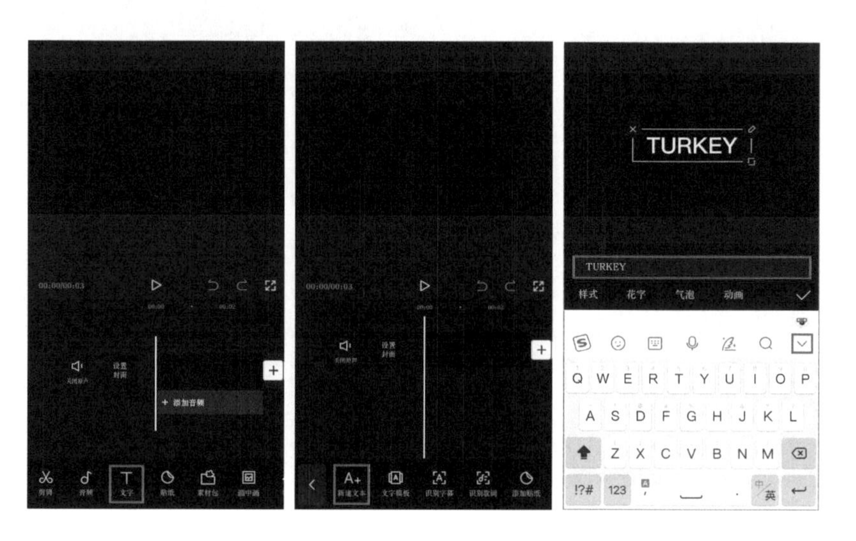

调整文字的样式，在视频预览区放大文字，完成后点击“√”按钮。此时剪辑轨道区会增加一条字幕轨道。

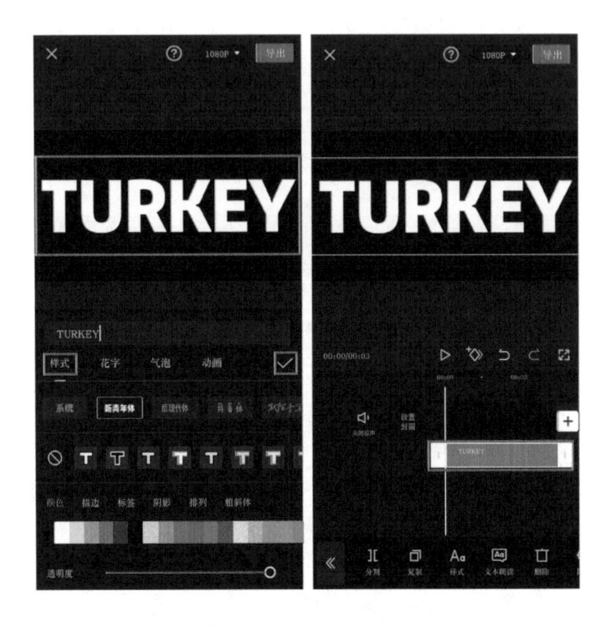

接下来就要给文字添加滚动效果。将时间轴竖线定位至视频的起始位置，点击“添加关键帧”按钮，在字幕轨道的第一帧添加一个关键帧，将视频预览区的字幕素材拖曳到画面的最右边。

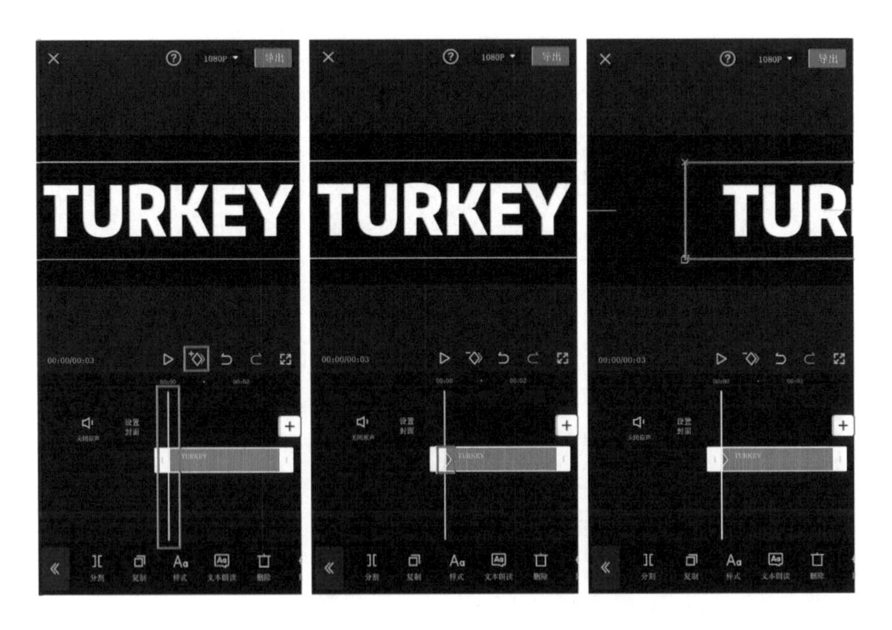

然后将时间轴竖线定位至视频的尾端，点击“添加关键帧”按钮，在字幕轨道的最后一帧添加一个关键帧，将视频预览区的字幕素材拖曳到画面的最左边。这样一个从右向左移动的字幕片头就制作好了。

点击界面右上角的“导出”按钮，将字幕片头导出到手机相册中，留作备用。此时导出的视频效果如下图所示。

接下来在剪映中打开已经剪辑好的视频，将时间轴竖线定位至视频的起始位置，点击“+”按钮，进入素材添加界面。选择刚才导出的字幕片头，点击“添加”按钮，将该片头素材添加至剪辑项目中。

选中添加的片头素材，点击底部工具栏中的“切画中画”按钮。选中画中画素材，点击底部工具栏中的“混合模式”按钮，选择“变暗”模式，完成后点击“√”按钮。这样字幕片头就制作完成了。

最后点击界面右上角的“导出”按钮，将视频导出即可。

最终视频的片头效果如下图所示。

- 复古黑胶片头

复古黑胶唱片是近几年非常流行的复古潮流元素，尝试把黑胶唱片和其他不同的新鲜元素结合在一起，制作成颇具时尚感和年代感的复古片头，也不失为一个好的选择。下面演示复古黑胶片头的制作过程。

首先打开剪映，点击“开始创作”按钮，进入素材添加界面。点击“素材库”按钮，在“黑白场”类别中选择“透明”素材，点击“添加”按钮，将它添加至剪辑项目中。

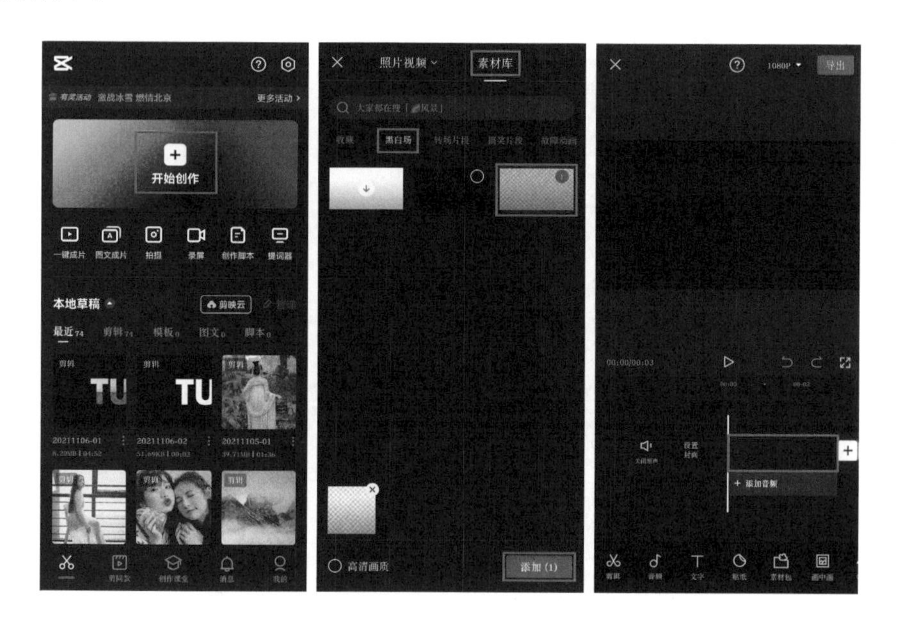

此时视频预览区的画面是黑色的，因此要想办法把画面的背景颜色改成一个复古的画布样式。点击底部工具栏中的“背景”按钮，再点击“画布样式”按钮，选择一个做旧的红色背景，完成后点击“√”按钮。当然，你也可以选择其他喜欢的画布样式作为片头背景。

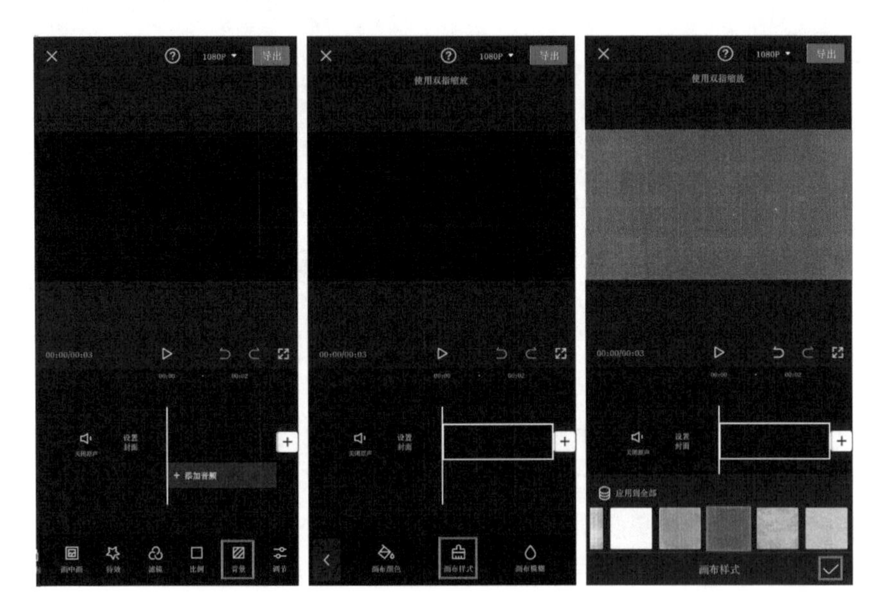

接下来就要在背景中添加一个黑胶唱片的贴纸。点击“<”按钮，再点击底部工具栏中的“贴纸”按钮，进入贴纸添加界面。

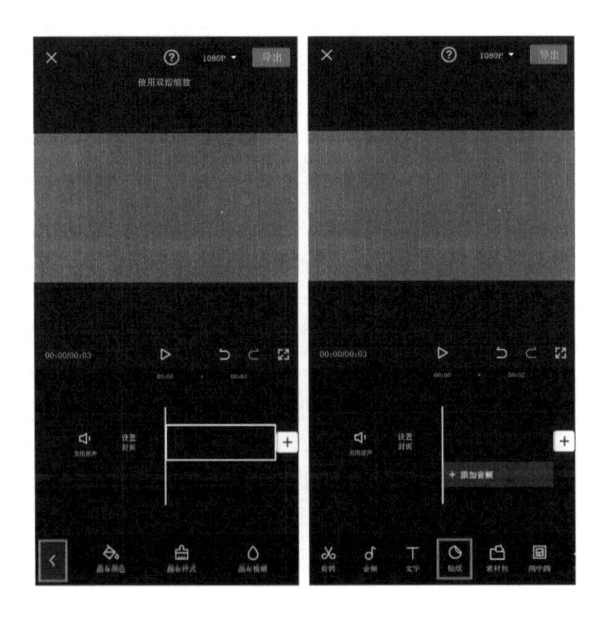

在搜索框中输入“唱片”，选择一个具有复古感的唱片贴纸，点击“关闭”按钮。然后在视频预览区将唱片贴纸调整到合适的大小和位置。

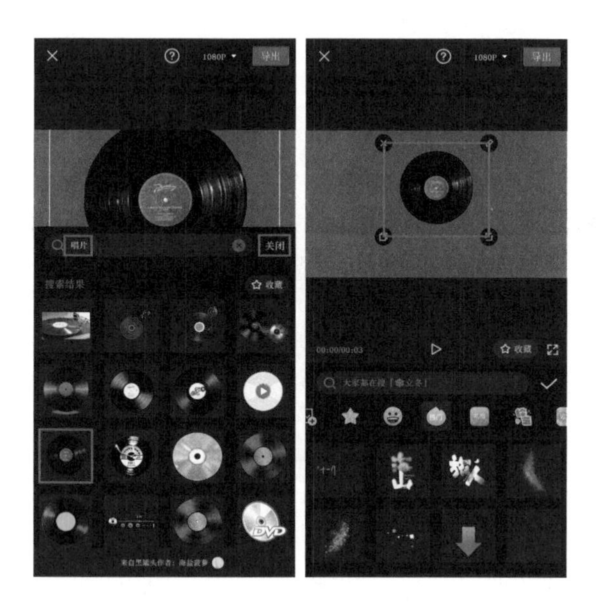

继续在搜索框中输入“音乐”，选择一个播放音乐的贴纸，点击“关闭”按钮。然后在视频预览区将播放音乐的贴纸调整到合适的大小和位置。

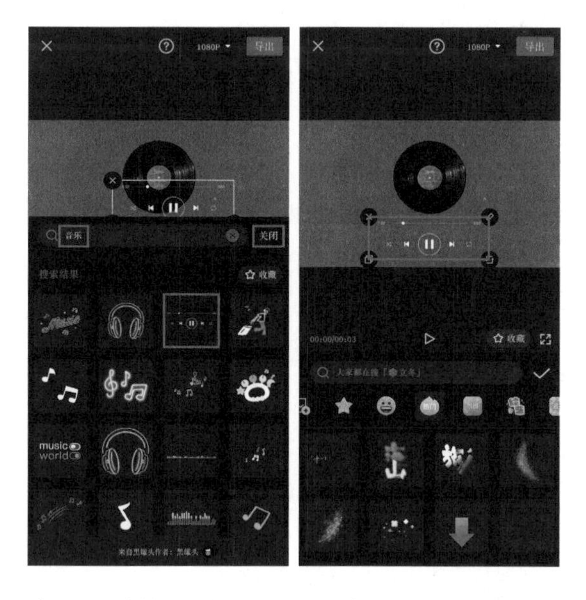

我们还可以添加一些其他的贴纸，并把它们逐个调整到合适的大小和位置，完成后点击“√”按钮。

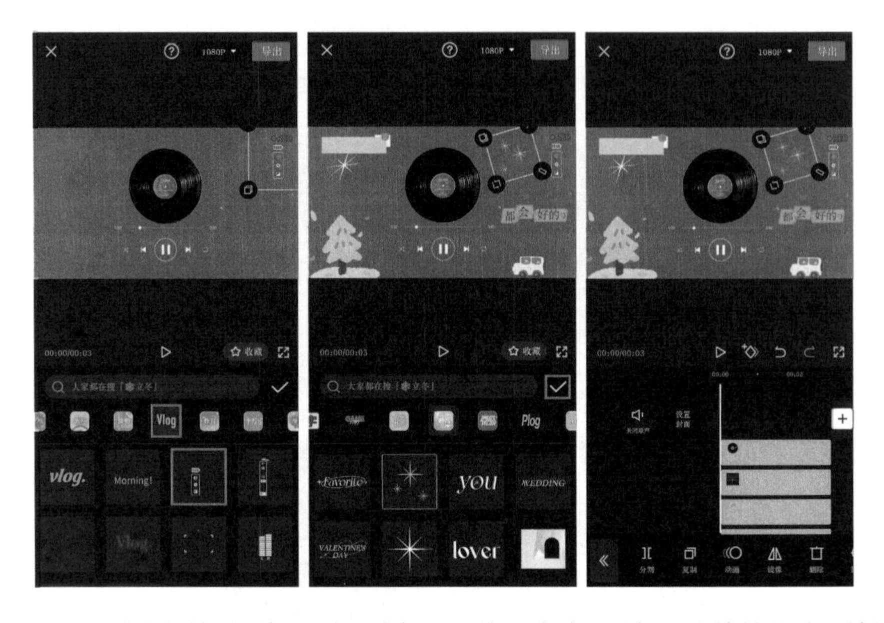

为了让片头的效果更加生动，我们可以给唱片贴纸添加一个旋转的动画效果，模拟真实唱片机在播放时的动态。在剪辑轨道区选中唱片贴纸素材，点击底部工具栏中的“动画”按钮，选择“循环动画”类别中的“旋转”动画，给唱片贴纸添加一个旋转的动画效果。此时旋转的速度过快，所以我们可以调节旋转动画的快慢，得到我们想要的效果，完成后点击“√”按钮。

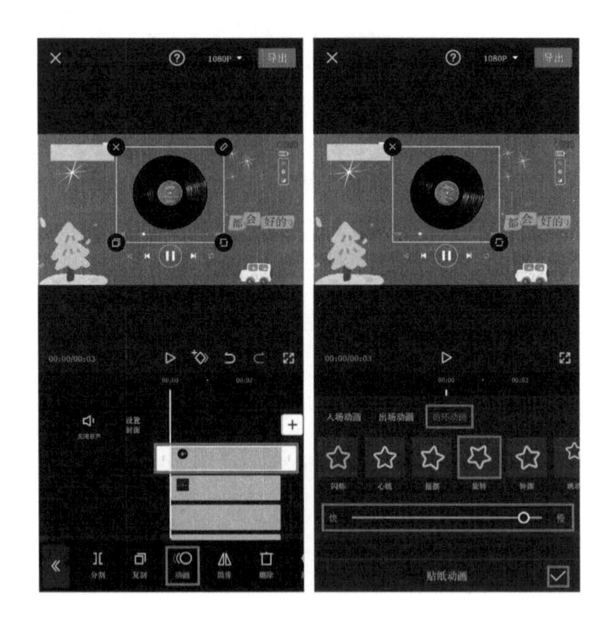

完成动画效果的添加之后，点击“<<”按钮，再点击“<”按钮，返回到剪辑界面中。

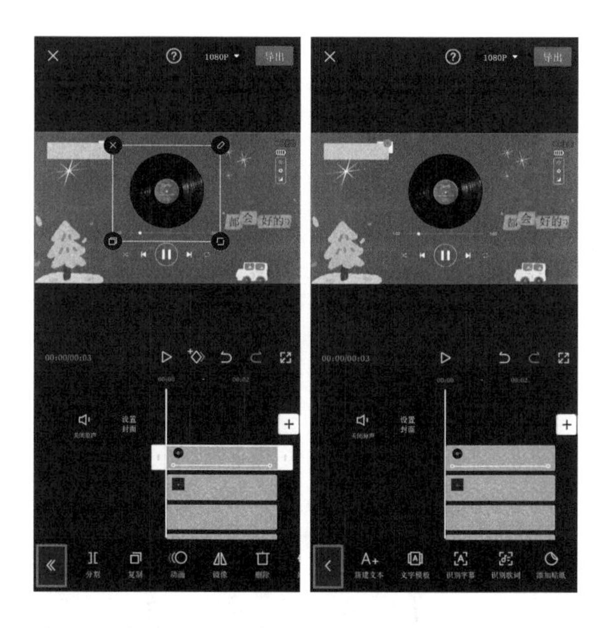

最后给片头添加一个合适的音频效果。点击底部工具栏的“音频”按钮，进入音频工具栏，点击“音效”按钮，选择“机械”类别中的“胶卷过卷声”音效，点击该音效素材右侧的“使用”按钮，把它添加至剪辑项目中，完成后点击“√”按钮。

此时剪辑轨道区会增加一条音频轨道，处理到这一步，复古黑胶片头也就制作完成了。点击“<”按钮，即可返回到剪辑界面中。最后点击界面右上角的“导出”按钮，将视频导出即可。

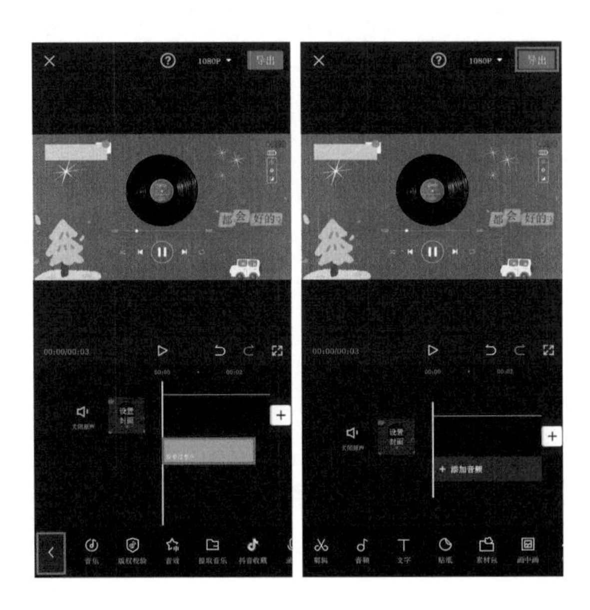

最终视频的片头效果如下图所示。

• 旁白片头

很多短视频为了引起观众的注意或者为了让观众尽快了解视频的主要内容，通

常采用以旁白为开场的片头。这类片头能够快速展现主题，从而引导观众尽早进入故事当中，好的旁白片头还能够引起观众的共鸣。下面演示旁白片头的制作过程。

首先打开剪映，点击“开始创作”按钮，进入素材添加界面。点击“素材库”按钮，选择“透明”素材，点击“添加”按钮，将透明素材添加至剪辑项目中。

下一步是给片头添加背景图片。点击底部工具栏中的“背景”按钮，再点击“画布样式”按钮，选择一个天空的画布样式，完成后点击“√”按钮。

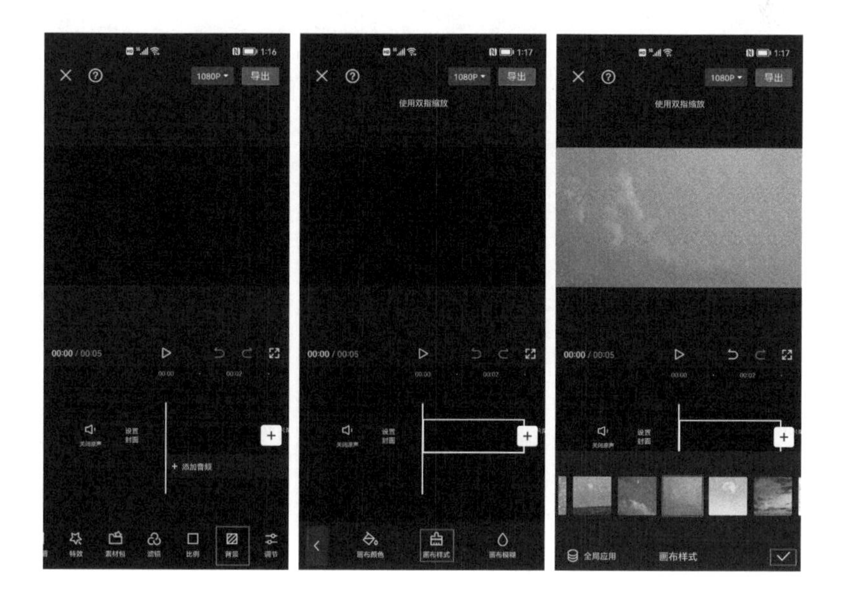

点击“<”按钮，返回到剪辑界面中。接下来要做的是给片头添加旁白。点击底部工具栏中的“音频”按钮，进入音频工具栏，点击“录音”按钮，进入录音界面。

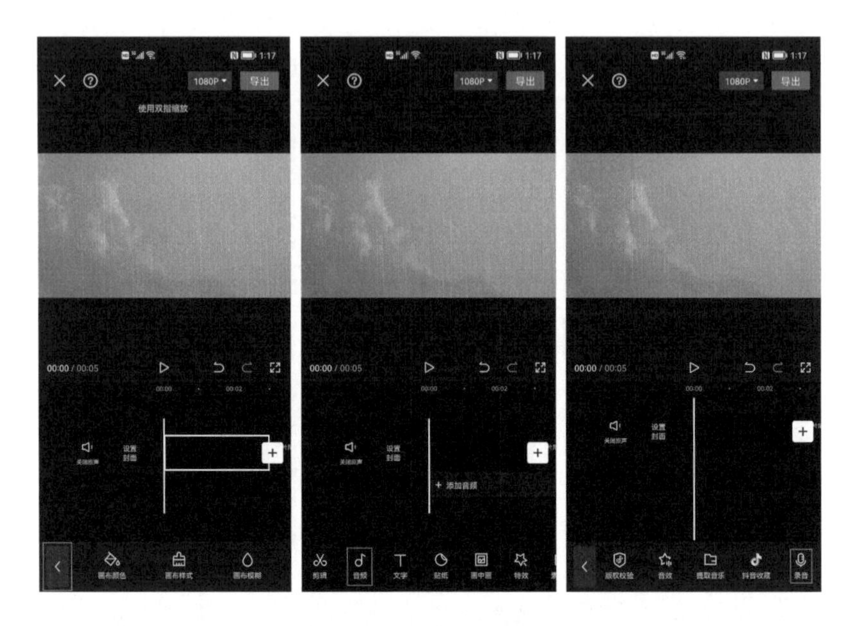

按住“录制”按钮，录入旁白，完成录制后释放“录制”按钮，点击右下角的“√”按钮，完成声音的录制。此时剪辑轨道区将会生成一段音频素材。

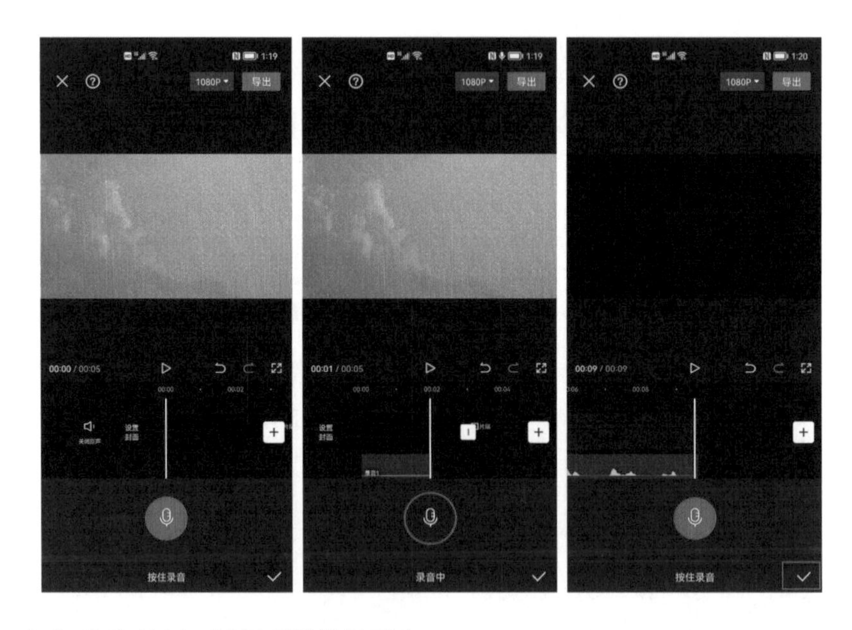

点击“<”按钮，返回到剪辑界面中。

因为我们要制作的是旁白片头，而旁白片头是由画面、人声和字幕组成的，现在画面有了，人声也有了，所以接下来要做的就是给片头添加字幕。利用剪映的字幕识别功能可以快速精准地识别视频中的人声，生成视频字幕。

点击底部工具栏中的“文字”按钮，进入文本工具栏，再点击“识别字幕”按钮。

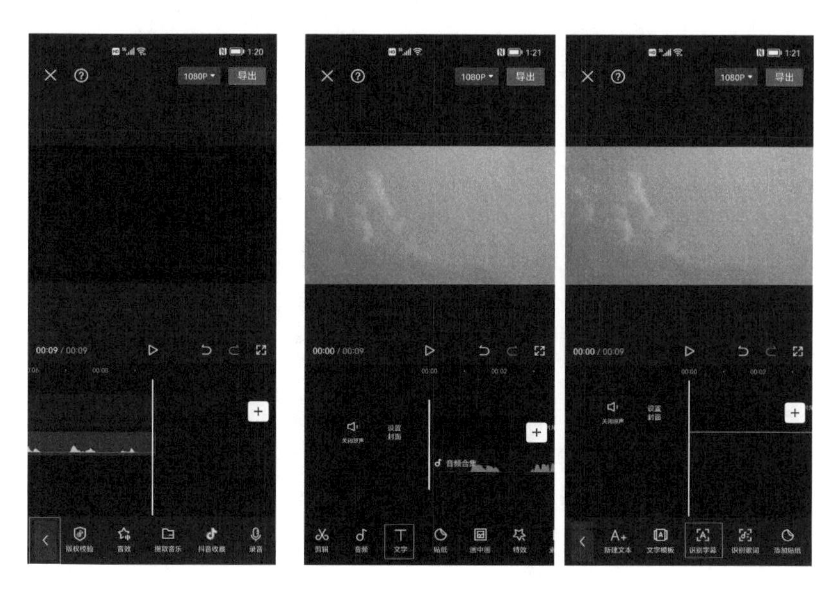

在弹出的界面中选择“仅录音”选项，点击“开始识别”按钮，剪映会自动将录制的旁白识别成字幕，并添加至剪辑轨道区中。在视频预览区可以看到字幕位于画面的最下方。

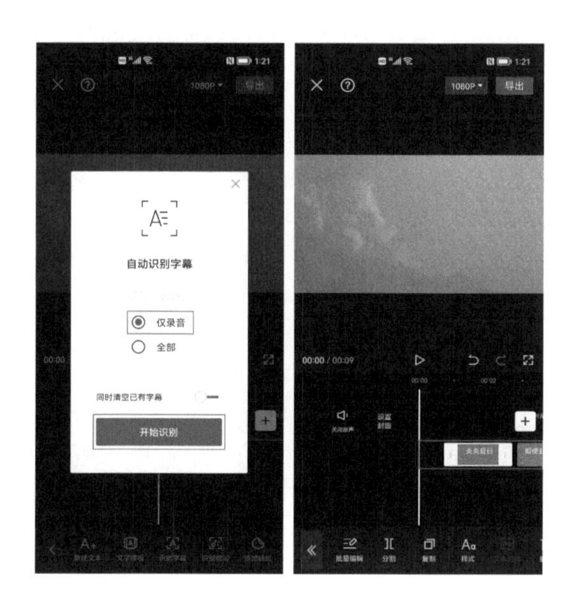

这里想让字幕位于画面的中间位置，所以选中了一段字幕素材，然后在视频预览区把字幕移动到了画面的中间。这时其他的字幕素材也会跟着移动到画面的中间位置。

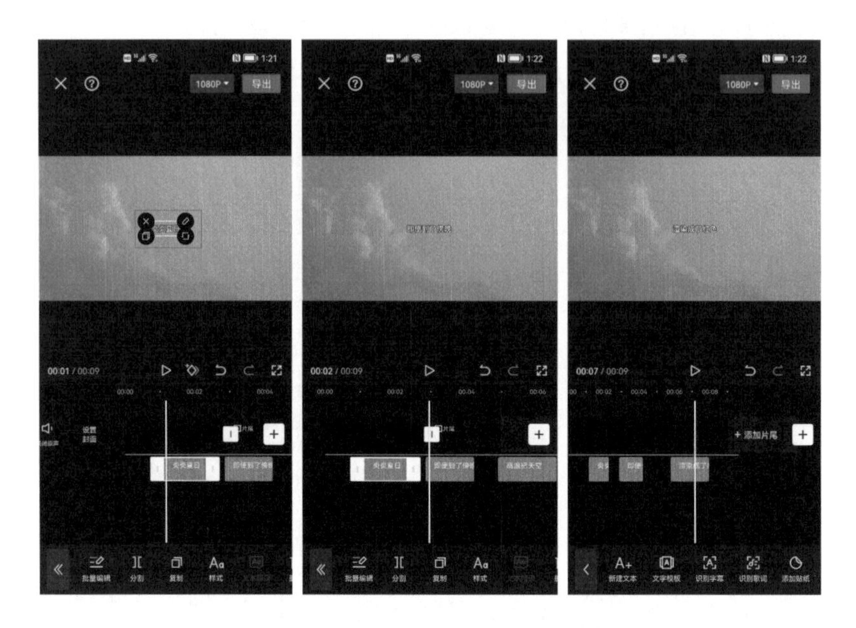

接下来要给每一段字幕素材都添加一个同样的动画效果。先在剪辑轨道区选中第一段字幕素材，点击底部工具栏中的“动画”按钮，进入动画选项栏，选择“入场动画”中的“向右擦除”动画，调整好动画时长之后，点击“√”按钮。

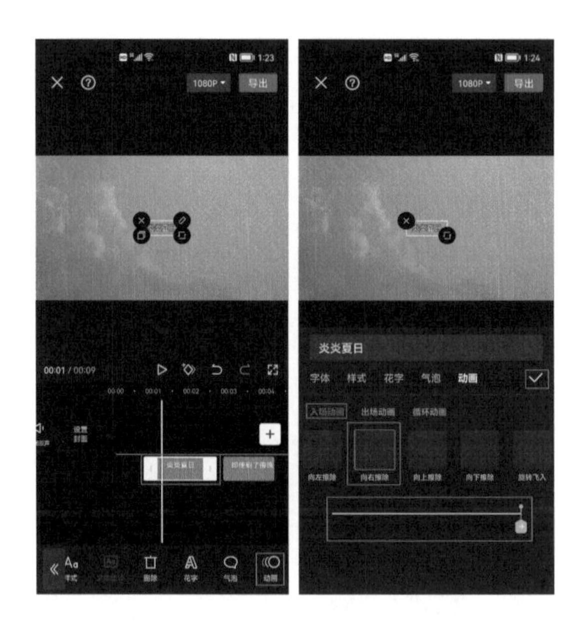

再选中第二段字幕素材，点击底部工具栏中的“动画”按钮，进入动画选项栏，选择“入场动画”中的“向右擦除”动画，调整好动画时长之后，点击“√”按钮。

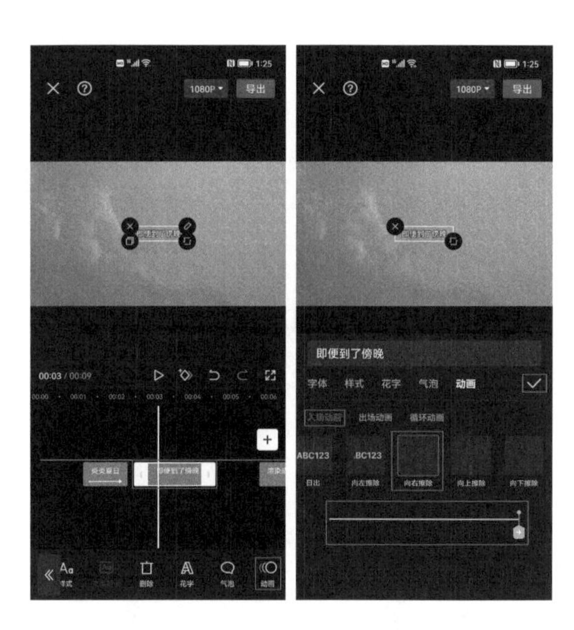

最后选中第三段字幕素材，用同样的方法添加“向右擦除”动画。

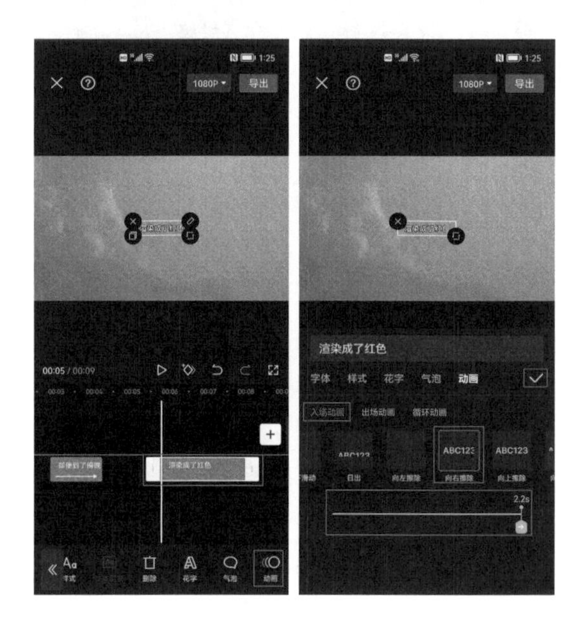

添加好字幕动画之后，点击“<<”按钮，再点击“<”按钮，返回到剪辑界面中。

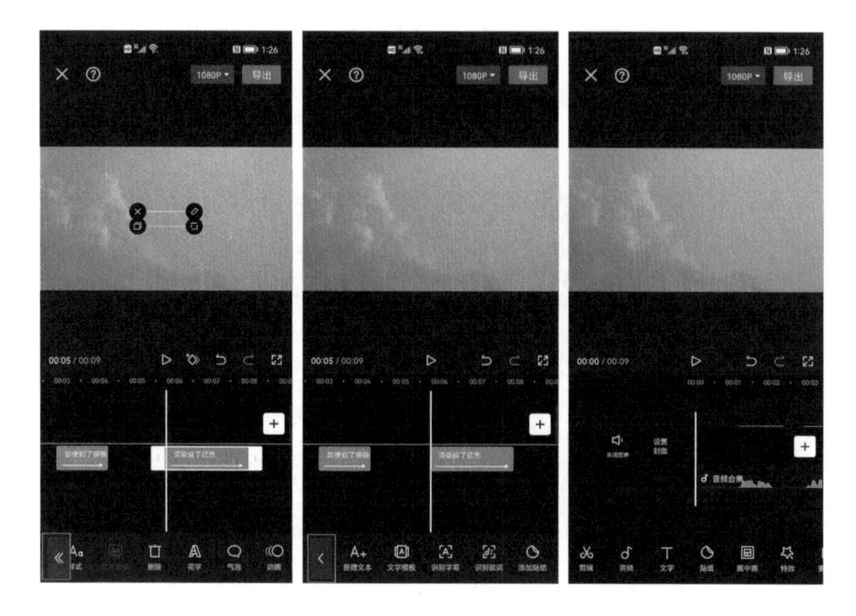

现在的画面有点空旷，因此可以给画面添加一个合适的贴纸，增添片头的氛围感。点击底部工具栏中的“贴纸”按钮，选择一个喜欢的贴纸效果，并且把它调整到合适的大小和位置，完成后点击“√”按钮。

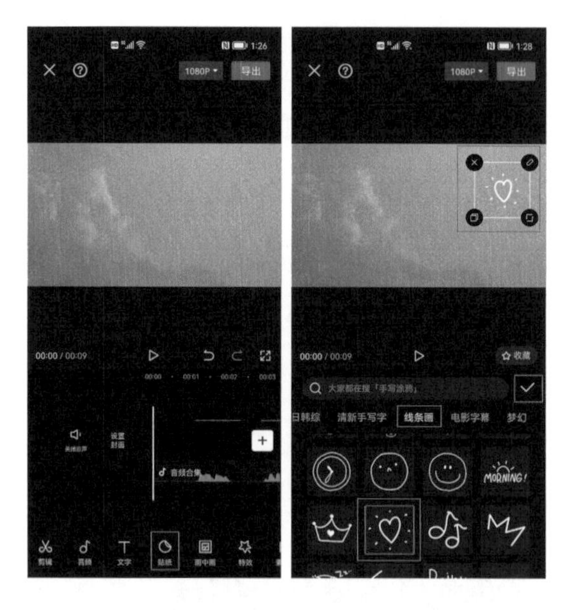

有了贴纸之后，我们还可以给贴纸添加一个动画效果。在剪辑轨道区选中贴纸素材，点击底部工具栏中的“动画”按钮，选择“入场动画”中的“渐显”动画，调整好动画时长之后，点击“√”按钮。

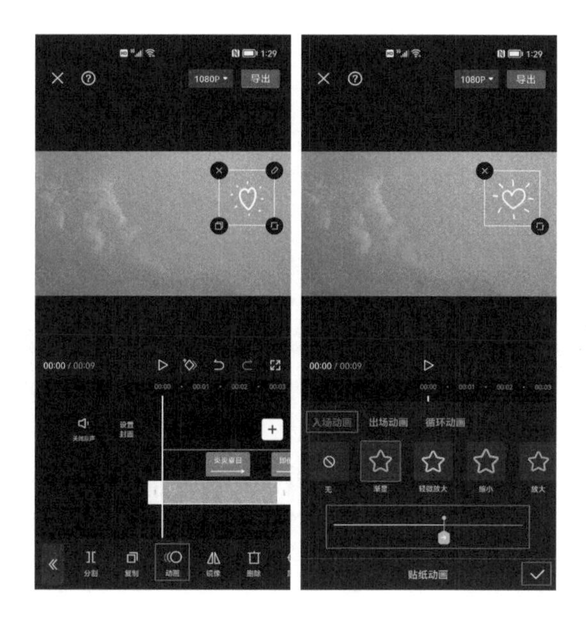

最后预览整个视频，根据自己想要的片头效果调整一下各轨道素材的时长，尽量让片头表现得更加完美。这里要注意的是，字幕一定要和录制的人声同步。

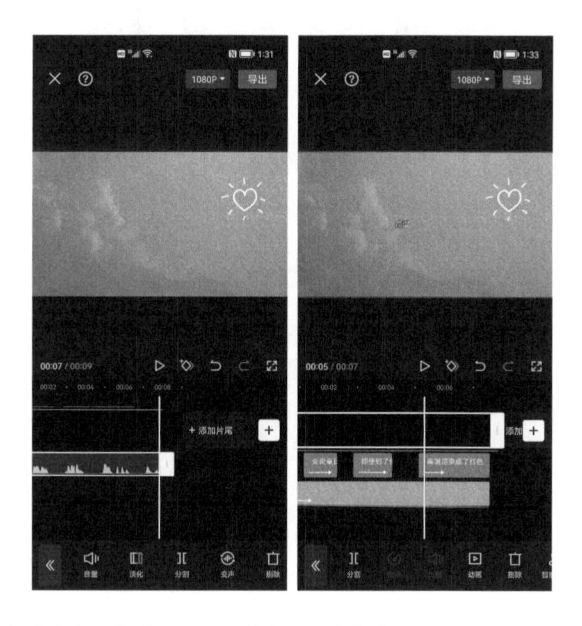

确定没什么问题后，点击“<<”按钮，再点击“<”按钮，返回到剪辑界面中。最后点击界面右上角的“导出”按钮，将视频导出。

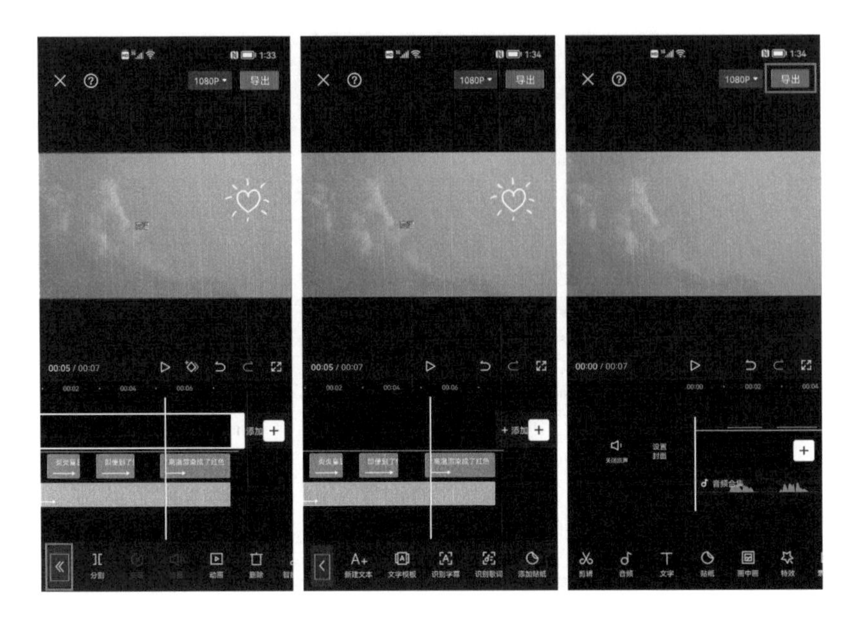

最终视频的片头效果如下图所示。

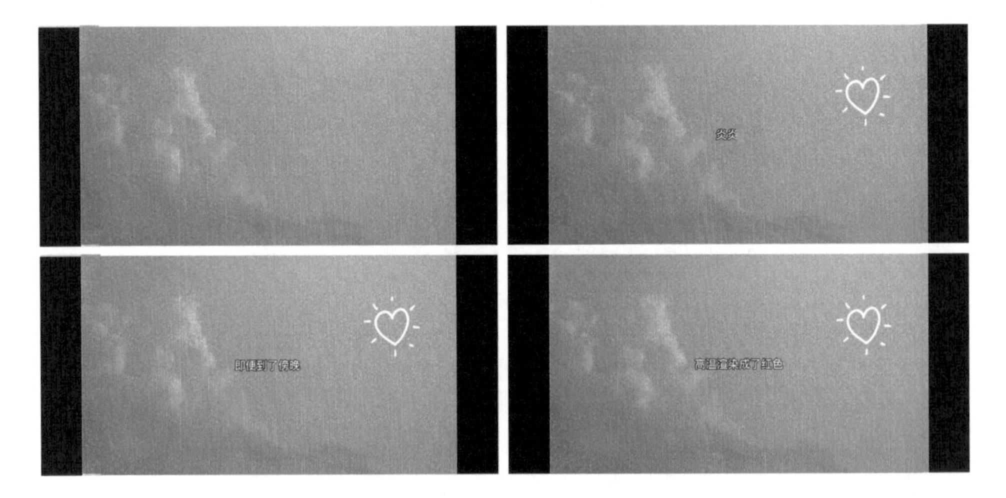

- 倒计时片头

倒计时片头很容易给人带来一些期待感和紧迫感，比如生日倒计时、新年倒计时等，这类短视频通常具有一定的跨时间意义，因此，倒计时片头也能让人们对倒计时之后的视频内容产生好奇的心理，有激发观看欲望的效果。接下来演示倒计时片头的制作过程。

首先打开剪映，点击“开始创作”按钮，进入素材添加界面。选择一段拍摄的生日视频素材，点击“添加”按钮，把它添加至剪辑项目中。

完成生日视频的基础剪辑之后，现在可以给该视频制作一个生日倒计时片头。将时间轴竖线定位至视频的起始位置，点击“+”按钮，进入素材添加界面，点击“素材库”按钮，在“节日氛围”类别中选择一个3秒倒计时的视频素材，点击“添加”按钮，把它添加至剪辑项目中。此时剪辑轨道区会增加一段3秒的倒计时视频素材。

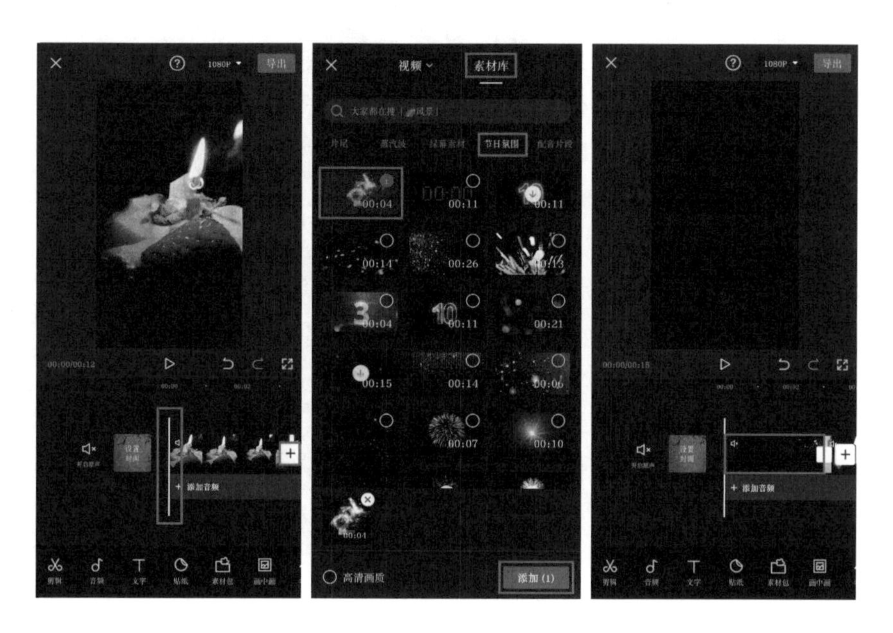

由于素材库中添加的素材默认是没有声音的，因此我们可以给该视频素材添加一个音频效果，增加片头的氛围感。点击底部工具栏中的“音频”按钮，进入音频工具栏，点击“音效”按钮，选择“综艺”类别中的“心跳”音效，点击其右侧的“使用”按钮。

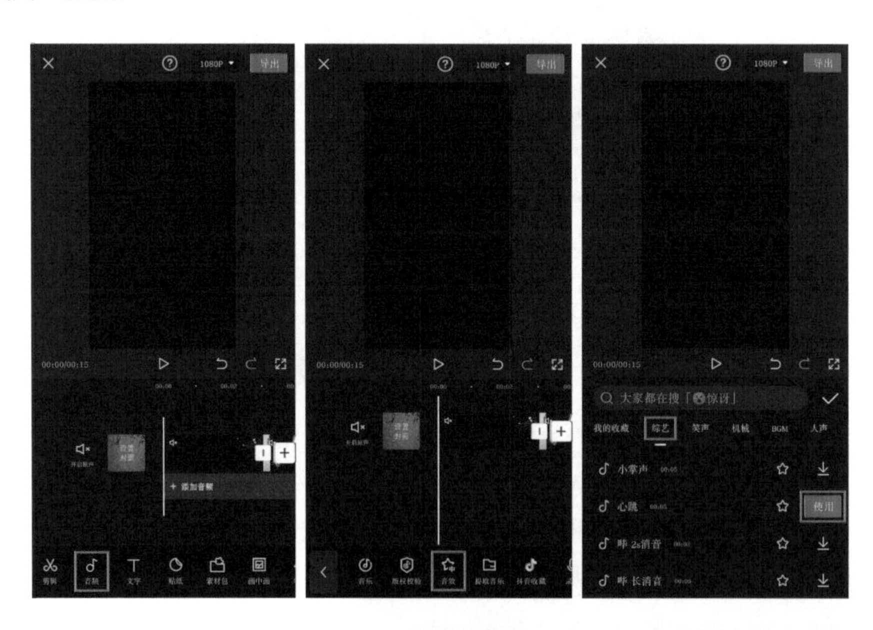

此时剪辑轨道区会增加一条音效轨道，选中音效素材，按住音效素材最右端的白色图标向左拖曳，使之与片头素材的最右端对齐，完成后点击“<<”按钮，返回到音频工具栏中。

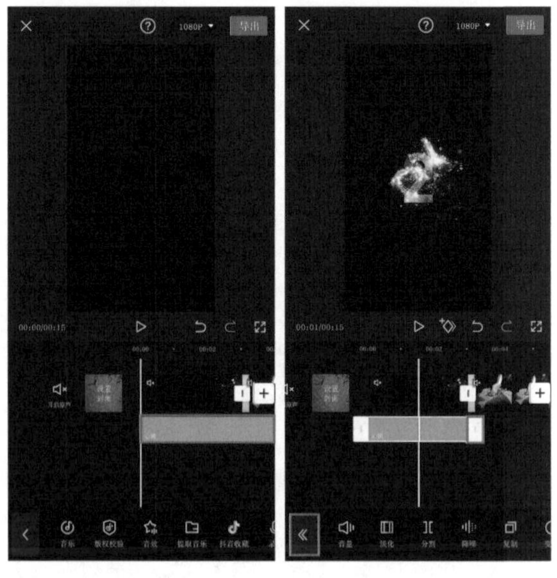

将时间轴竖线定位至片头素材的末端，点击底部工具栏中的“音效”按钮，选择“人声”类别中的“生日快乐（英文）”音效，点击其右侧的“使用”按钮。此时剪辑轨道区会增加另外一段音频素材。至此，倒计时片头就制作好了。“心跳”音效会伴随着3秒倒计时的片头，片头结束后播放的则是

“生日快乐”的祝福声和生日时录制的短视频。

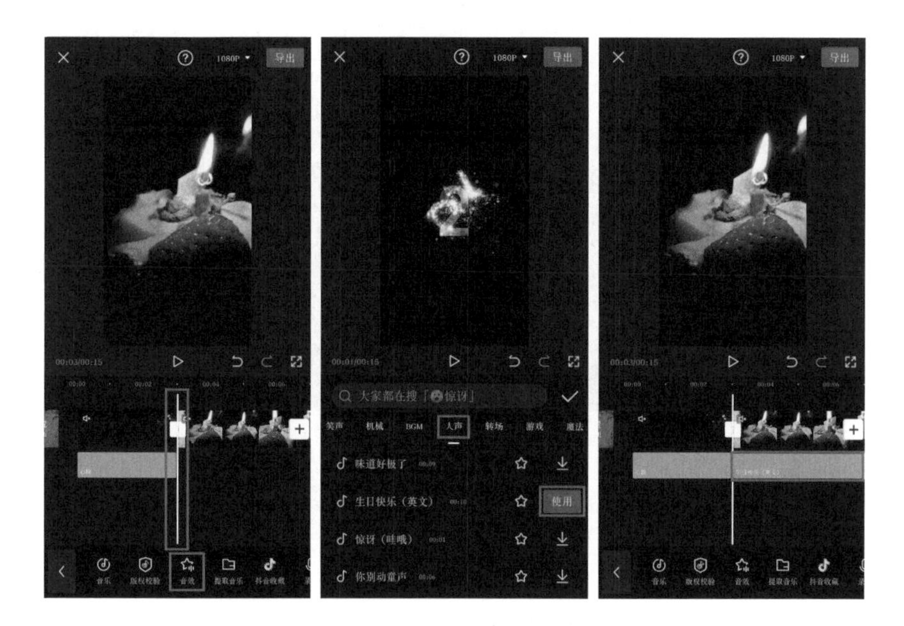

点击“<”按钮，返回到剪辑界面中。最后点击界面右上角的“导出”按钮，将视频导出即可。

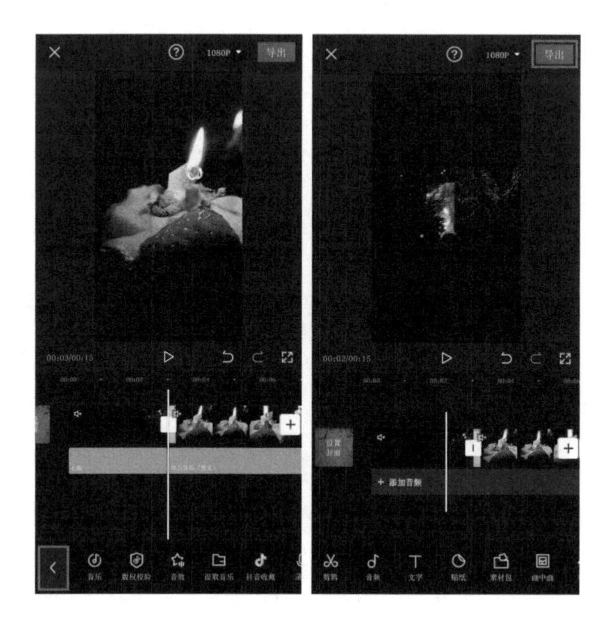

最终视频的片头效果如下页图所示。

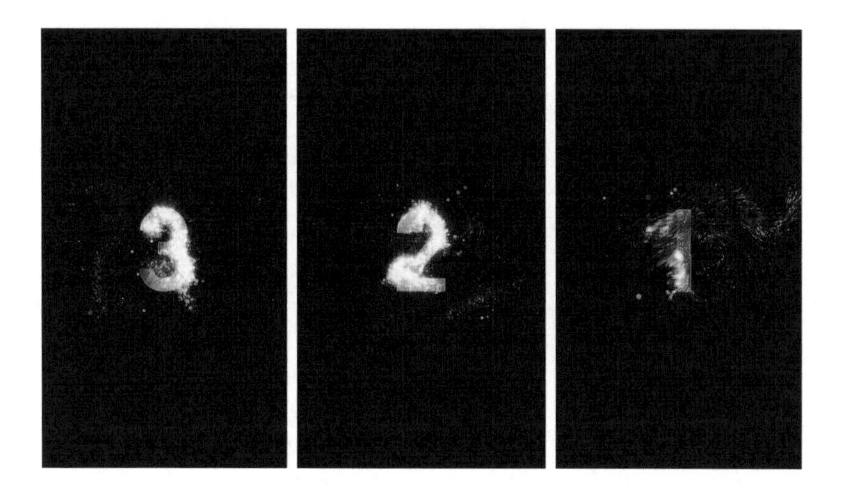

6.2.2 片尾的制作

一个完整的短视频需要有精彩的片头，自然也需要有精彩的片尾与之呼应。片尾的种类非常多样化，可以是回顾和渲染短视频的片段，也可以是导演、制片人和出镜人员的名单，或者只是简单的结束语或头像片尾。下面介绍两种常用的片尾制作方法。

• 电影片尾

打开剪映，点击“开始创作”按钮，进入素材添加界面，点击“素材库”按钮，选择“黑白场”类别中的“透明”素材，点击“添加”按钮，将透明背景添加到剪辑项目中。

点击底部工具栏中的“画中画”按钮，再点击“新增画中画”按钮，选择一段素材（视频或照片均可），点击“添加”按钮，把它添加到剪辑项目中。

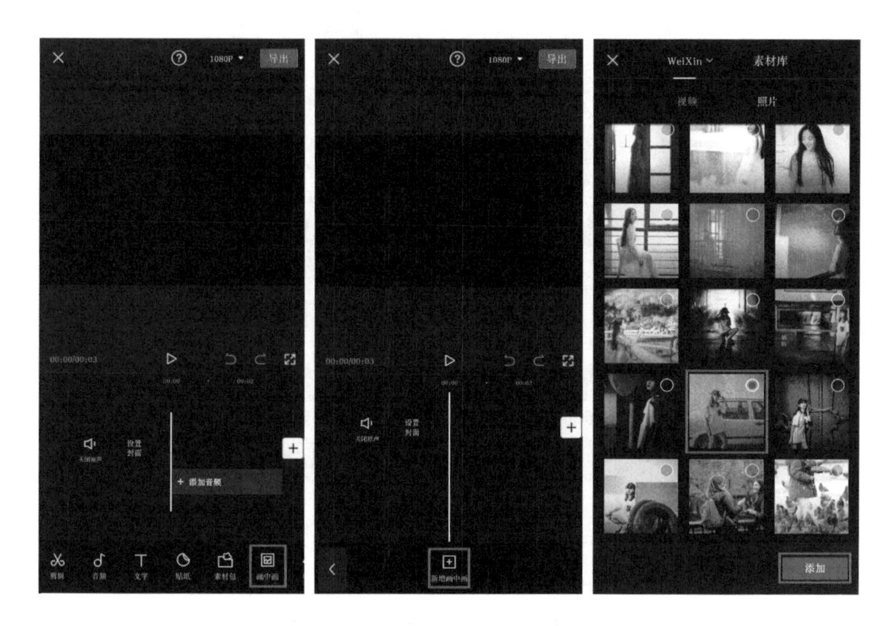

此时剪辑轨道区会增加一条画中画轨道，在视频预览区调整画中画素材的大小和位置，把它移动到画面的左侧。

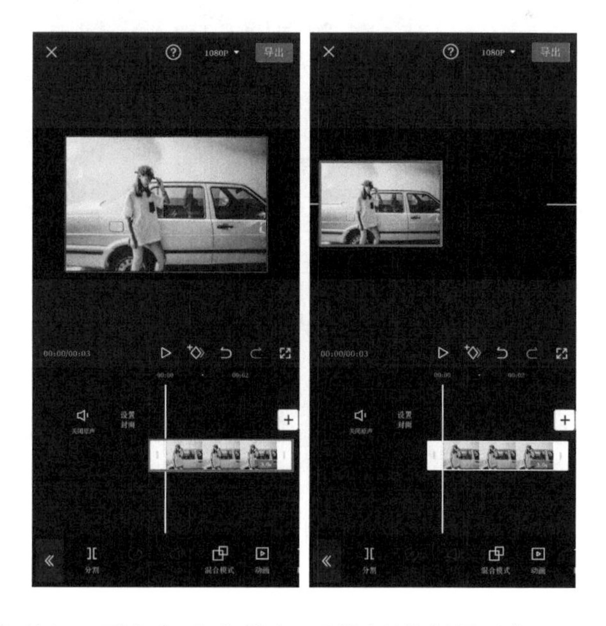

点击“<<”按钮，再点击“<”按钮，返回到剪辑界面中。

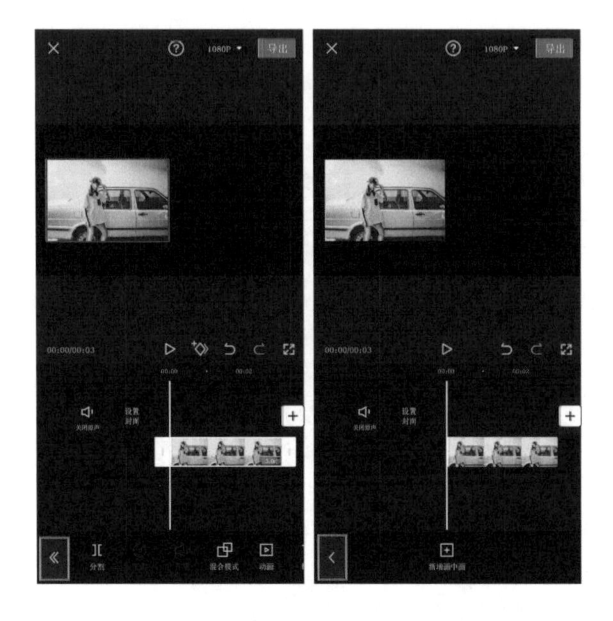

接下来添加滚动字幕。点击底部工具栏中的“文字”按钮，进入文本工具栏，点击“新建文本”按钮，在输入键盘中输入需要展示的人员名单。

然后对文字进行设置。点击下方的“排列”按钮，修改文本的字间距和行间距，把行间距拉到15，让字幕看起来更美观。然后在视频预览区把文本素材调整到合适的大小和位置，完成后点击“√”按钮。

接下来就是至关重要的一步了——制作字幕的滚动效果。先把时间轴竖线定位至文本素材的起始位置，点击“添加关键帧”按钮，在片尾的第一帧添加一个关键帧，然后把视频预览区的文字向下拖曳，直到文字位于画面的最下方。

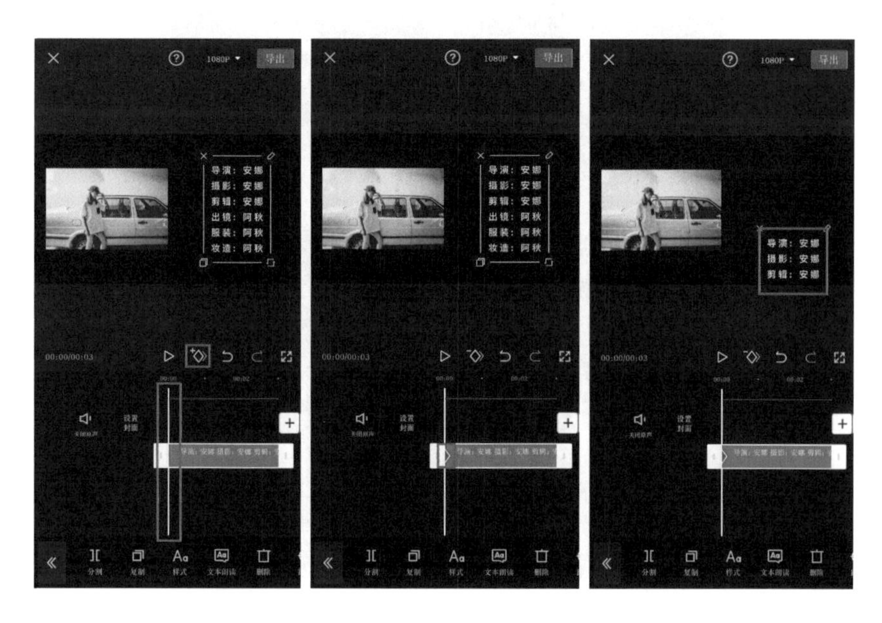

然后把时间轴竖线定位至文本素材的末端，点击“添加关键帧”按钮，在片尾的最后一帧添加一个关键帧，然后把视频预览区的文字向上拖曳，直到文字位于画面的最上方。

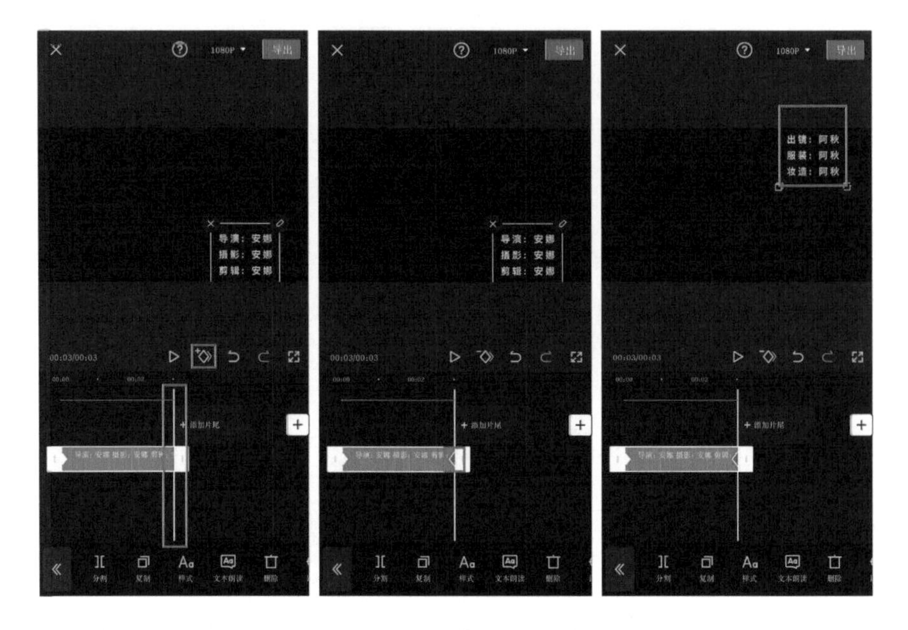

现在滚动字幕的效果已经出来了，字幕是从画面的下方进入并向上滚动的。点击“<<”按钮，再点击“<”按钮，返回到剪辑界面中。

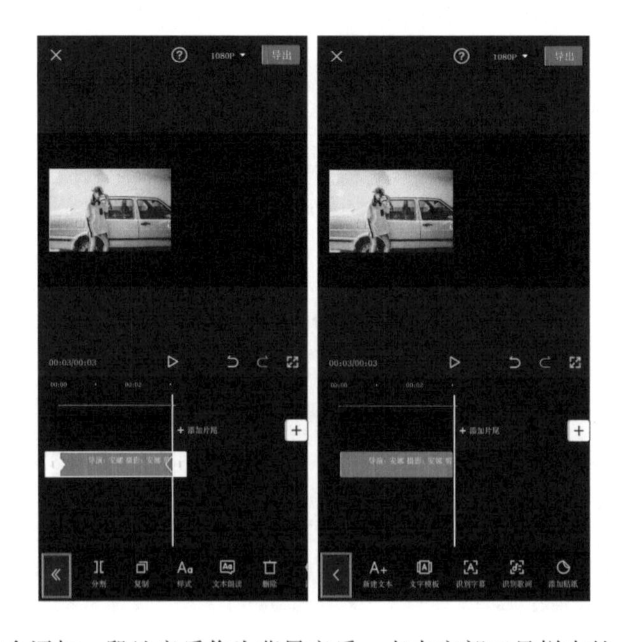

片尾一般会添加一段纯音乐作为背景音乐。点击底部工具栏中的“音频”按钮，进入音频工具栏，点击“音乐”按钮，进入音乐素材添加界面。

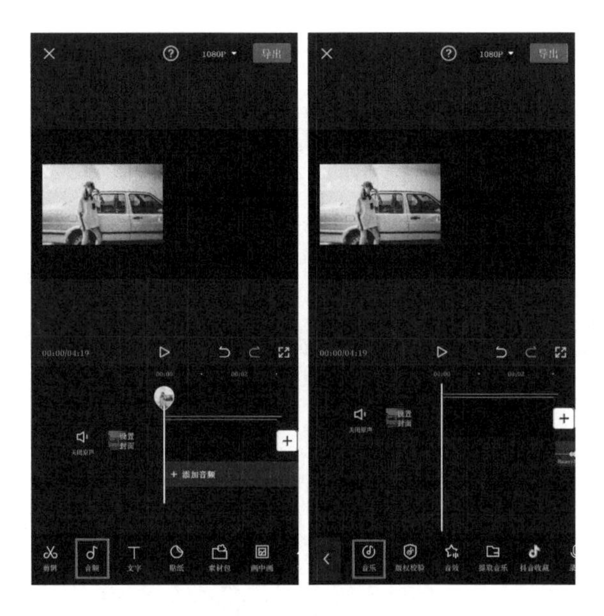

点击“纯音乐”，选择一首喜欢的背景音乐，点击音乐素材右侧的“使用”按钮，将该音乐素材添加至剪辑项目中。此时剪辑轨道区会增加一条音频轨道，但背景音乐的时长要比片尾的时长长很多，因此要将背景音乐的时长变短一些。

选中音频素材，将时间轴竖线定位至片尾的最后一帧，点击底部工具栏中的“分割”按钮，将音乐素材进行分割。然后选中分割后的第二段音频素材，点击底部工具栏中的“删除”按钮，将多余的音乐部分删除。这样背景音乐的时长就调整好了，点击“<”按钮，返回到剪辑界面中。

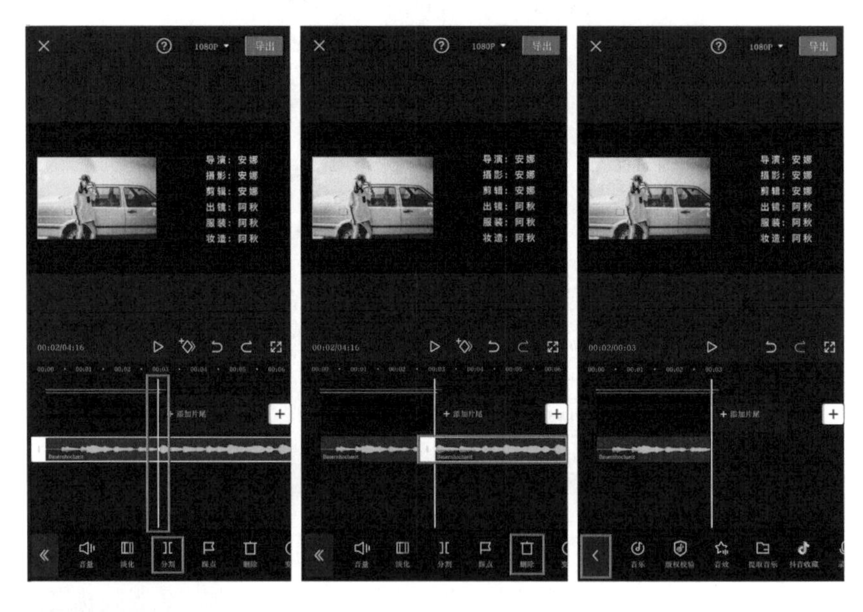

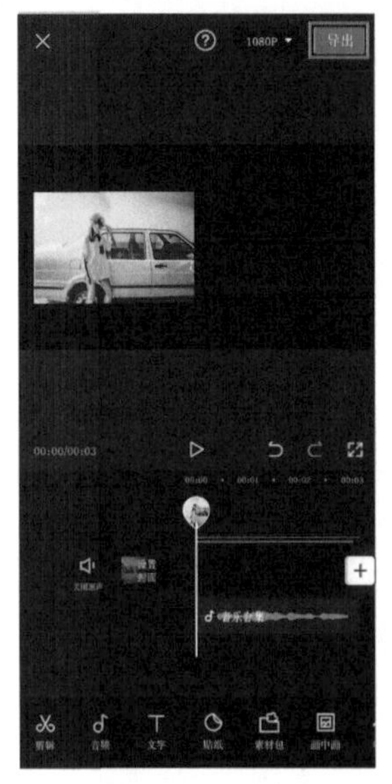

最后点击界面右上角的“导出”按钮，将视频导出即可。

最终视频的片尾效果如下图所示。

提示：如果你想要追求更加完美的效果，想让文字从画面外进入，可以在输入文字之前先点击几次换行键，添加几个空行，然后再去进行其他操作，这样文字就是从画面外进入的。

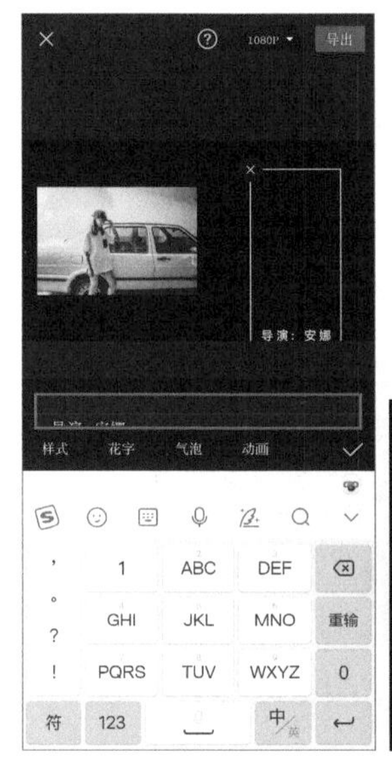

最后再来解释一下开始操作时为什么要添加透明背景。点击底部工具栏中的“背景”按钮，点击“画布颜色”按钮，可以使用各种纯色作为片尾的背景。

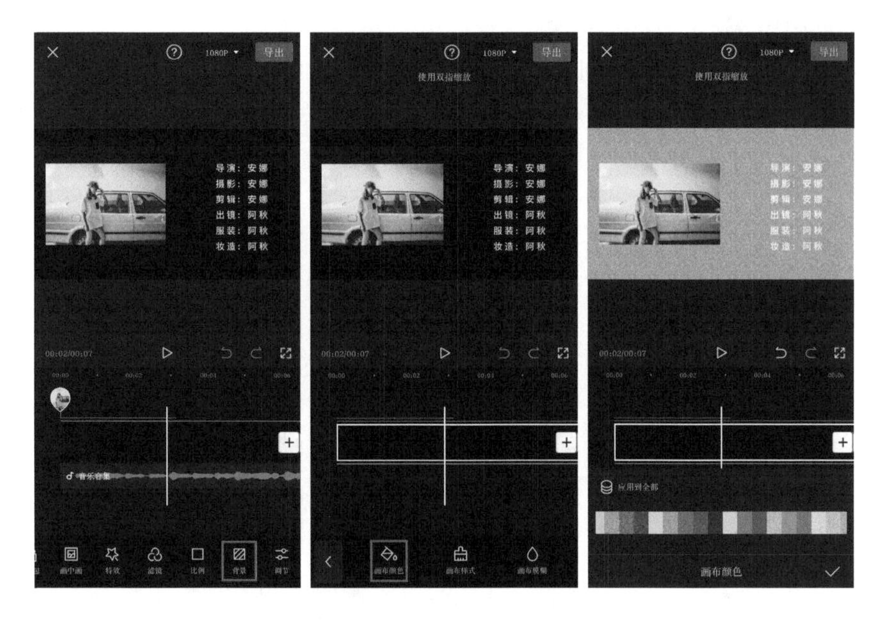

或者点击“画布样式”按钮，可以看到剪映内置了超级丰富的背景图片以供使用。这也就是为什么要在一开始添加透明背景，只有使用透明背景时，才可以更换背景；如果使用的是黑场或白场，则无法添加这些内置的画布作为片尾背景去使用。

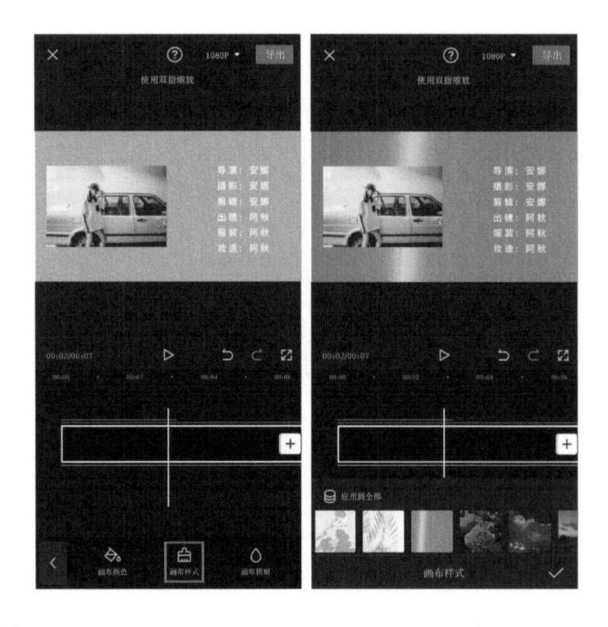

• 头像片尾

抖音平台上有大量的短视频创作者都很喜欢使用统一的头像片尾。下面演示头像片尾的制作方法。

打开剪映，点击“开始创作”按钮，进入素材添加界面，点击“素材库”按钮，在搜索框中输入“片尾”，选择一个头像片尾素材，点击“添加”按钮，将片尾素材添加至剪辑项目中。

导入的这段片尾素材分为白底和黑底两个部分。在剪辑轨道区选中片尾素材，把时间轴竖线定位至黑底和白底的交界处，点击底部工具栏中的“分割”按钮，将黑底部分和白底部分进行分割。然后把白底素材移动到视频轨道的最前端，完成后点击“<”按钮，返回到剪辑界面中。

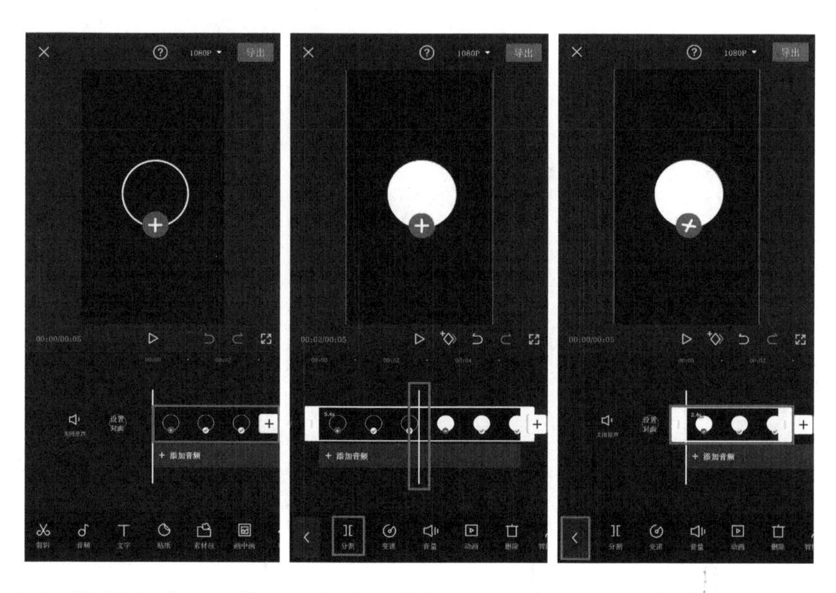

确保时间轴竖线已定位至视频的起始位置，点击底部工具栏中的“画中画”按钮，再点击“新增画中画”按钮，进入素材添加界面，选择一张自己的头像照片，点击“添加”按钮，把它添加至剪辑项目中。

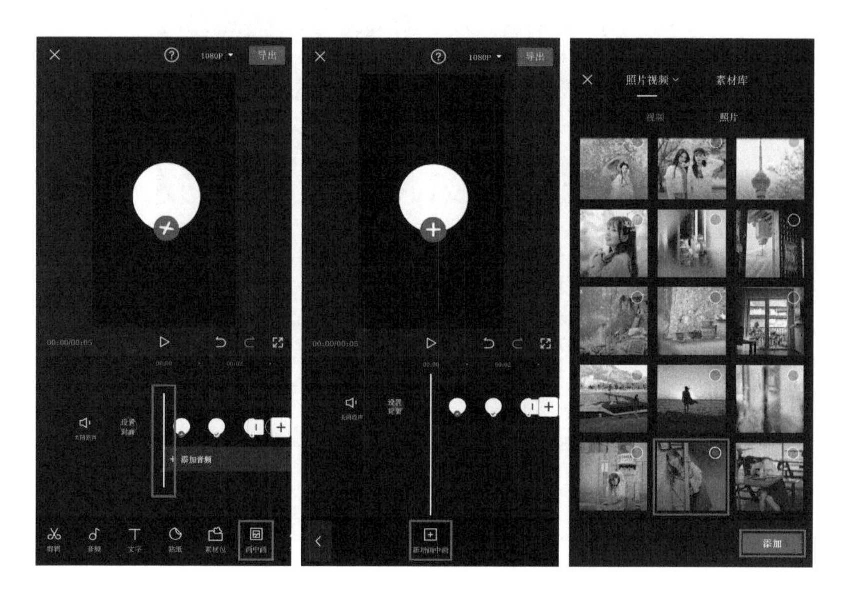

此时剪辑轨道区会增加一条画中画轨道。选中画中画素材，点击底部工具栏中的“混合模式”按钮，选择“变暗”模式，点击“√”按钮，然后在视频预览区将头像照片调整到合适位置。

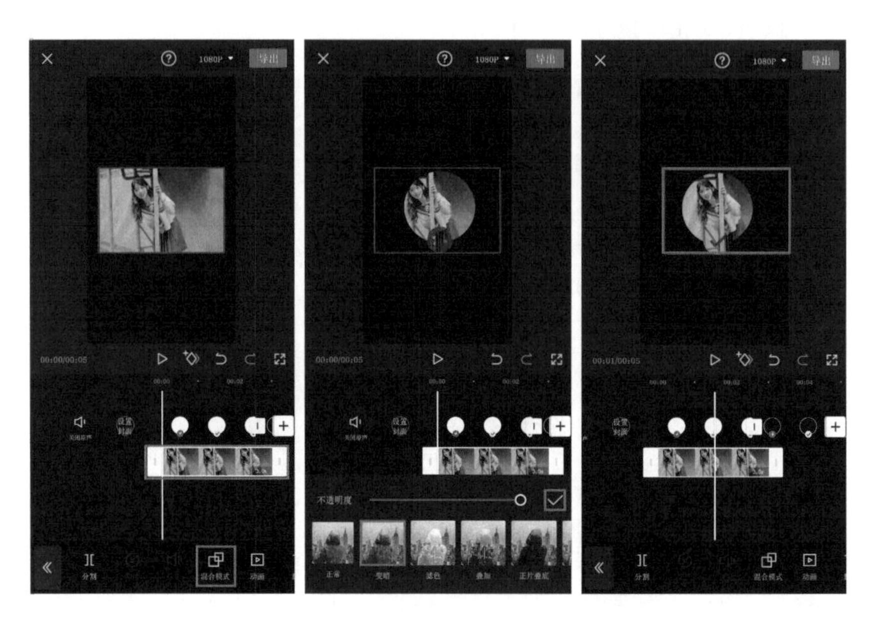

选中黑底素材，点击底部工具栏中的“切画中画”按钮，此时黑底素材会切换到画中画轨道中。

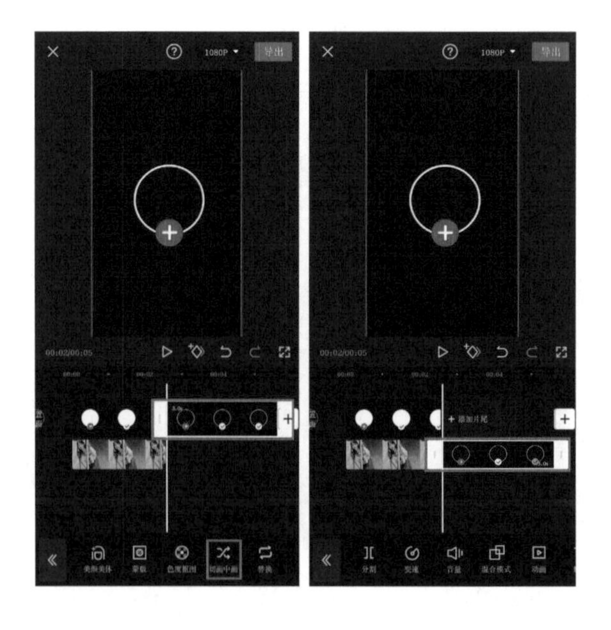

选中黑底素材，将黑底素材移动至下一条轨道的起始处，再点击“混合模式”按钮，选择“变亮”模式，完成后点击“√”按钮。

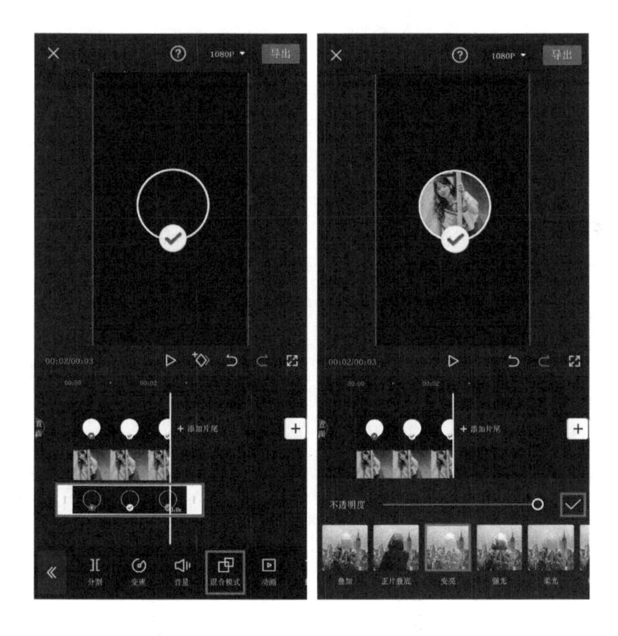

至此，头像片尾就制作好了。点击“<<”按钮，再点击“<”按钮，返回到剪辑界面中。播放片尾视频，检查无误后，点击界面右上角的“导出”按钮，将视频导出即可。

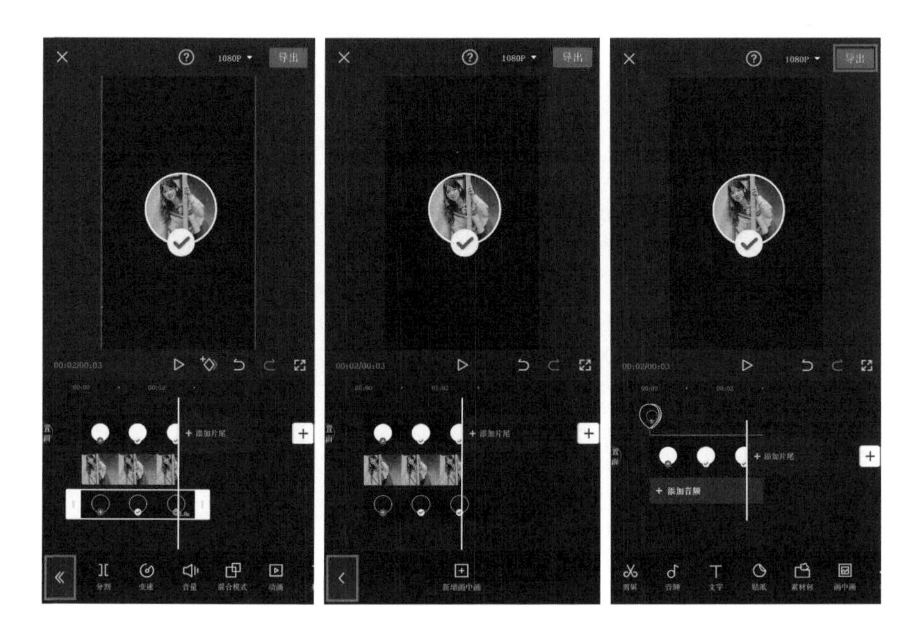

最终视频的封面效果如下图所示。

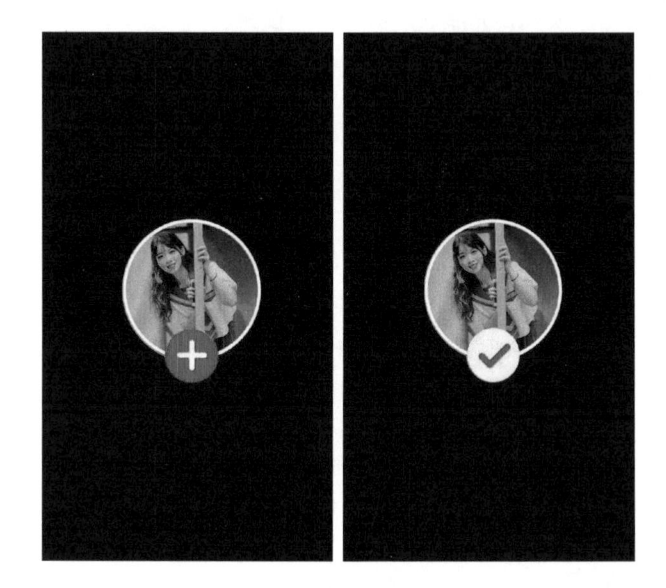